3 確率工学シリーズ　木村俊一[編集]

信頼性の数理モデル

兼清泰明 [著]

朝倉書店

まえがき

　本書は,「確率工学シリーズ」の中の1冊として,信頼性工学を主題材に,確率モデルを応用した理論的な研究への活用を意図して執筆したものである.基本的事項の解説をできるだけ多く取り入れ,信頼性工学への入門書としての役割も果たすことができるように工夫したつもりである.

　信頼性工学は,他の工学の諸分野と異なり,工学のあらゆる分野に横断的に適用し得るという特徴を有している.このため,対象とする分野に特化した知識とは独立に,数学,特に確率論・統計学を用いてその基本枠組みが記述されている.各々の分野で必要とされる知識以外に,そういった数学的な側面にまで理解を広げることは大変であるから,信頼性工学に関してこれまでに出版されてきている教科書は,技術者向けの解説書,あるいはマニュアル本といった性格のものが多い.

　しかし,新しい研究を進めていくという観点から見ると,既存の技術での対応が難しい対象に適用していくことを試みるわけであるから,ベースとなる数学的な原理を変更する必要に迫られることが多い.あるいは,従来の概念にあてはまらない新しい技術・工業製品を対象とする場合も同様のことが言えるであろう.こういった目的からは,既存技術の使用法の解説というよりも,数学的な記述に重点を置いた解説書が重要となると考えられる.

　信頼性工学を含めて,統計学を駆使した技術では,数表を利用したり,あるいはそれに沿って手順をマニュアル化したりするという方法が従来主流であった.かつては,数値解析を個人レベルで行うことが困難であったため,数表の作成原理を解説するよりも,数表の使い方のマニュアルを提供する方が意義が大きいと考えられてきたわけである.しかし,近年は安価なパソコンであっても,かなり高度な計算を行うことができるため,既存の数表ではカバーしきれ

ないような，より拡張された範囲にまで，計算機を駆使した定量的な解析を行うことが可能となってきている．したがって，数値的な解を得るための数学的な原理を理解しておくことのメリットが増してきており，それにより，さまざまな問題に臨機応変に対応することが可能となることが期待できるようになってきている．

　以上のような状況を鑑み，本書では，既存の信頼性工学に関する教科書とは一線を画すことを念頭に，信頼性工学の数学的な原理，また信頼性工学に関する技術の数学的な基礎を解説することに重点を置き，全体を構成することとした．特に，多くの信頼性工学の成書ではあまり取り上げられていない，構造システムを対象とした信頼性の理論，および，ソフトウェアを対象とした信頼性の理論，の2つのテーマに詳しい記述を与えることとした．もちろん，本シリーズの目的である，数理モデル，確率モデルの活用法について，モデル化の数学的な原理や主要な計算手順も含めて，詳細に記述することに努めると共に，アベイラビリティ解析モデル，構造材料の破壊の確率モデル，そして，ソフトウェアの信頼度成長モデル，といったテーマを詳しく取り上げるように構成してある．なお，例題を与えてその解説を記述するという形式を多用し，具体的な問題への適用法をイメージしやすくすると共に，章末には理解を深めるための演習問題を配置してある．

　確率論に関する基礎的な研究，特に確率モデルを駆使した理論的な研究と，実務的な分野との間には，まだかなり大きなギャップがあると言わざるを得ない．本書を含め，「確率工学シリーズ」が，そういったギャップを埋めることに役立つことを祈念する次第である．

　最後に，確率工学シリーズの1つとして本書の執筆の機会を与えていただいた，関西大学 木村俊一教授，ならびに，朝倉書店の方々には，この場を借りて厚く御礼申し上げる．

　　2019年1月

　　　　　　　　　　　　　　　　　　　　　　　　　　　　著　　　者

目　　次

1. 信頼性工学の概要 ･･ 1
   1.1 信頼性工学の歴史と現状 ････････････････････････････････ 1
   1.2 信頼性工学とリスク解析 ････････････････････････････････ 2
   1.3 JIS Z 8115 による信頼性に関する規格の概要 ･････････････ 3

2. 信頼性の数量化の基礎 ･･･････････････････････････････････････ 6
   2.1 基本的な信頼性評価尺度 ････････････････････････････････ 6
      2.1.1 信頼度関数と故障分布関数 ･･････････････････････････ 6
      2.1.2 故 障 率 ･･ 7
      2.1.3 アイテムの寿命とその確率分布 ･･････････････････････ 9
      2.1.4 MTTF と MTBF ･････････････････････････････････ 9
      2.1.5 離散時間変数を用いた記述 ･･････････････････････････ 10
   2.2 主な寿命分布とその特性 ････････････････････････････････ 11
      2.2.1 指 数 分 布 ･･････････････････････････････････････ 11
      2.2.2 ワイブル分布 ･･･････････････････････････････････････ 13
      2.2.3 正 規 分 布 ･･････････････････････････････････････ 15
      2.2.4 対数正規分布 ･･･････････････････････････････････････ 19
      2.2.5 極 値 分 布 ･･････････････････････････････････････ 22
      2.2.6 その他の主な寿命分布 ･･････････････････････････････ 28
   演習問題 ･･ 29

3. 信頼性特性値の推定と検定 ･･･････････････････････････････････ 32
   3.1 確率紙を用いた故障時間分布の推定法 ････････････････････ 32

		3.1.1 正規分布の場合 …………………………………………	34
		3.1.2 対数正規分布の場合 ………………………………………	35
		3.1.3 2パラメーターのワイブル分布の場合 ……………………	35
		3.1.4 2パラメーターのガンベル分布の場合 ……………………	36
	3.2	最尤推定法 …………………………………………………………	38
	3.3	推定された分布の適合度検定 ……………………………………	43
		3.3.1 統計的検定の基本的な考え方 ……………………………	43
		3.3.2 寿命分布の適合度検定 ……………………………………	44
	演習問題 ………………………………………………………………		50

4. 信頼性と抜取試験 …………………………………………………… 52

- 4.1 抜取試験とOC曲線 ……………………………………………… 52
  - 4.1.1 抜取試験とその分類 ………………………………………… 52
  - 4.1.2 OC曲線 ……………………………………………………… 53
- 4.2 ロット不良率に対するOC曲線 ………………………………… 54
  - 4.2.1 ロット不良率に対するOC曲線の概要 …………………… 54
  - 4.2.2 ロット不良率に対するOC曲線の導出 …………………… 56
- 4.3 MTTFに対するOC曲線 ………………………………………… 58
  - 4.3.1 MTTFに対するOC曲線の概要 …………………………… 58
  - 4.3.2 MTTFに対するOC曲線の導出 …………………………… 59
- 4.4 抜取試験の手順 …………………………………………………… 63
  - 4.4.1 計数1回抜取方式の場合 …………………………………… 63
  - 4.4.2 計量1回抜取方式の場合 …………………………………… 65
  - 4.4.3 多回抜取方式・逐次抜取方式の場合 ……………………… 66
- 演習問題 ……………………………………………………………… 66

5. システムの信頼性 …………………………………………………… 68

- 5.1 冗長性とシステムの信頼性 ……………………………………… 68
  - 5.1.1 直列システムの信頼度 ……………………………………… 69
  - 5.1.2 並列システムの信頼度 ……………………………………… 71

5.1.3　待機冗長システムの信頼度 ･････････････････････ 73
　　5.1.4　多数決システムの信頼度 ･･･････････････････････ 75
　5.2　システム構造関数 ･･････････････････････････････････ 76
　　5.2.1　システム構造関数の定義と例 ･････････････････････ 76
　　5.2.2　パスセットとカットセット ･･･････････････････････ 79
　5.3　FTA, ETA, FMEA ･･･････････････････････････････ 81
　　5.3.1　フォールト・ツリー解析 (FTA) ･･････････････････ 81
　　5.3.2　イベント・ツリー解析 (ETA) ････････････････････ 84
　　5.3.3　故障モード影響度解析 (FMEA) ･･････････････････ 86
　演習問題 ･･ 88

6. システムの保全性 ･････････････････････････････････････ 89
　6.1　アベイラビリティ ･･････････････････････････････････ 89
　6.2　マルコフ連鎖モデルを用いたアベイラビリティ解析 ･･･････ 91
　　6.2.1　マルコフ連鎖の概要 ･････････････････････････････ 91
　　6.2.2　保全度と修理率 ･････････････････････････････････ 95
　　6.2.3　1つの要素から成るアイテムの場合 ･････････････････ 96
　　6.2.4　2つの要素から成る直列システムの場合 ･････････････ 98
　　6.2.5　2つの要素から成る並列システムの場合 ････････････100
　　6.2.6　マルコフ連鎖モデルに対する一般的な解法 ･････････102
　演習問題 ･･104

7. 構造信頼性 ･･107
　7.1　ストレス-強度モデルと安全係数 ････････････････････107
　7.2　構造信頼性の概念とその数学的定式化 ･･････････････109
　　7.2.1　安全係数から信頼性へ ･････････････････････････109
　　7.2.2　破壊確率の定式化の基本 ･･･････････････････････110
　7.3　1次近似2次モーメント法 ･････････････････････････113
　7.4　構造信頼性解析のためのモンテカルロ法 ････････････123
　　7.4.1　モンテカルロ法による破壊確率の推定 ･･･････････123

- 7.4.2 モンテカルロ法における推定誤差 … 124
- 7.4.3 分散減少法 … 125
- 7.4.4 重点サンプリング法 … 127
- 7.4.5 設計点を利用した重点サンプリング法 … 130
- 7.4.6 負相関変量法 … 133
- 7.4.7 制御変量法 … 134
- 7.5 構造信頼性工学と確率論的破壊力学 … 135
  - 7.5.1 疲労破壊と破壊力学 … 135
  - 7.5.2 疲労亀裂の成長則と確率論的破壊力学 … 137
  - 7.5.3 マルコフ連鎖モデル … 140
  - 7.5.4 拡散型モデル … 144
  - 7.5.5 連続時間非拡散型モデル … 148
- 演習問題 … 148

8. ソフトウェア信頼性 … 150

- 8.1 ソフトウェア信頼性工学の概要 … 150
  - 8.1.1 ソフトウェア信頼性の概念 … 150
  - 8.1.2 ソフトウェアに対する高い信頼性の要求 … 151
  - 8.1.3 ソフトウェア信頼性に関する研究の基本指針 … 151
- 8.2 ソフトウェア信頼性向上技術 … 152
  - 8.2.1 N-バージョン・プログラミング … 152
  - 8.2.2 リカバリー・ブロック … 154
- 8.3 ソフトウェア信頼度成長モデル … 156
  - 8.3.1 ソフトウェア信頼度成長モデルの概要 … 156
  - 8.3.2 NHPP モデル … 160
  - 8.3.3 2項モデル … 164
  - 8.3.4 不完全デバッグモデル … 168
  - 8.3.5 拡散型モデル … 172
  - 8.3.6 コックス型モデル … 176
- 演習問題 … 176

- **A. 付　　録** ………………………………………………… 179
  - A.1　ガンマ関数とベータ関数 …………………………… 179
    - A.1.1　ガンマ関数の定義と主な性質 ………………… 179
    - A.1.2　ガンマ関数の導関数とポリガンマ関数 ……… 180
    - A.1.3　ベータ関数の定義と主な性質 ………………… 181
  - A.2　順序統計量 …………………………………………… 182
  - A.3　回 帰 分 析 …………………………………………… 183
  - A.4　確率微分方程式の概要 ……………………………… 184
  - A.5　主な確率分布の数表 ………………………………… 187

参考文献 ……………………………………………………… 190

演習問題略解 ………………………………………………… 194

索　　引 ……………………………………………………… 200

CHAPTER 1 信頼性工学の概要

■■ 1.1 信頼性工学の歴史と現状 ■■

　信頼性工学の起源は，第2次世界大戦におけるさまざまな電気・電子機器の故障に対する対応であったとされている．当時の電子機器は，戦時下での使用という非常に厳しい環境下に置かれていたという点に加えて，基本的にその素材が真空管であったという点も大きく影響していた．このため，電子機器の多くが頻発する故障によってその能力を発揮できないという深刻な事態が生じ，この問題に対処するために，確率論・統計学を活用した新たなアプローチが導入されるに至った．これが今日信頼性工学 (reliability engineering) とよばれているものである．

　一方，機械や構造物の設計の分野においては，安全係数とよばれる因子を用いた設計が行われてきていた．安全係数の導入は，機械や構造物を構成する材料の強度の不確実性や，外部より加えられる荷重の不確実性などに対応するためのものであるが，安全係数の決定は多分に経験的であり，これを確率論の観点から論じるということは基本的に行われてこなかった．上述の電子機器に対する信頼性工学の創設からやや遅れて，1947年にフロイデンタール (A. M. Freudenthal) が発表した研究[35] の中で，重要構造物の安全性は信頼性の観点から行われるべきであるという新たな考えが提唱され，機械や構造物の安全性の分野にも信頼性工学の考え方が導入されるに至ったのである．

　信頼性工学は，電子機器や機械・構造物などのいわゆるハードウェアだけでなく，近年はソフトウェアにも適用されるようになってきている．現代社会に

おいては，分野を問わず，コンピューターによる管理，コンピューターによる自動制御が工業製品に付随しているのはもはや常識となってきている．特に，ハードウェアとしてのコンピューターの信頼性は，開発当初に比して飛躍的に向上していることから，ソフトウェアが原因となる故障を抑制することの重要性が増してきているのが現状である．こういった点に加えて，ソフトウェアの大規模化・複雑化が加速度的に進行しているため，ハードウェアに対する指針と類似のアプローチが必要となっているのである．

1.2 信頼性工学とリスク解析

近年リスク (risk) という用語がさまざまな分野で使用されるようになってきており，リスク工学 (risk engineering)，あるいはリスク解析といった分野が確立されてきている．リスクの概念を早くから取り入れてきた分野の1つに，保険の数学理論がある．保険業務の遂行において最も重要な問題は，保険金の請求に対する支払い能力の確保であり，この能力が喪失する確率を許容範囲にとどめることができるように，保険料（プレミアム）の適切な設定を行うことが主たる解析の目的となる．この場合，リスクは保険金の支払い能力の喪失（債務不履行あるいはデフォルトとよばれる）が生じる確率として定量化される．

したがって，デフォルトの発生を，工業製品の故障あるいは破壊に読み換えることにより，保険の数学理論における解析の大部分は信頼性工学にそのまま置き換えることが可能である．しかし，信頼性工学において故障確率をリスクと同義語と扱うことはほとんどなく，信頼性工学においてリスクという用語を用いる場合は，故障あるいは破壊が発生した場合に生じる損害額の期待値を指して用いることが多い．

このように，リスクという用語は分野によってその定義や意味付けが異なるが，好ましくない事象の生起を確率論・統計学の観点から論じるという点はすべての分野で共通している．このため，同じ数学ツールや解析ツール，あるいは計算技法などを分野を超えて適用できることになる．こういった点で，信頼性に関する研究とリスクに関する研究は，より緊密に連携を図ることが望ましいが，現状ではそれが十分に果たされているとは言い難い．例えば，巨大地震

がもたらすリスクについては，地震下での構造物・構造システムの信頼性の確保だけでなく，損失に対する経済的な補塡手段である保険などを考慮に入れて，総合的に対処法を考えていかなければならないが，こういったアプローチが積極的に論じられるようになったのは，主に1995年の阪神・淡路大震災以降である．こういった分野に限らず，従来は異分野と考えられてきた分野間で情報や技術を共有し，リスクへのよりよい対処法を考えていかなければならない．

1.3 JIS Z 8115 による信頼性に関する規格の概要

工業製品の品質のうち，「壊れにくさ」については日本工業規格 (JIS)[*1] が総括的な定義を与えており，信頼性工学に関する議論を進めるには，これらの定義の概要を理解しておかなければならない．

信頼性に関するさまざまな用語の定義は，JIS Z 8115 の中で与えられている．この規格が独立した1つの体系となったのは 1970 年であり，その後いくつかのマイナーチェンジを重ねて，2000 年に大改正が施されて現在に至っている．2000 年に改正されたバージョンは，旧規格と区別するために，JIS Z 8115:2000 と記載され，「ディペンダビリティ（信頼性）用語」というタイトルに変更されている．ディペンダビリティ (dependability) とは，元来の信頼性だけでなく，保全性や可用性（アベイラビリティ）などの概念を統合したもので，広い意味での信頼性とするとらえ方もある．また，ディペンダビリティの概念の中に信頼性を位置付ける場合は，従来の信頼性の中でも狭い意味に限定するのが通例である．なお，情報処理用語に関する JIS X 0014 の中にも信頼性に関する同義の用語の記載がある．

本節では，JIS Z 8115:2000 に沿って，第2章以降において必要となる基本的な用語とその意味をまとめておくこととしたい．なお，以下の用語の英訳の後ろに付記している記号は，JIS Z 8115:2000 中でその用語が定義されている整理記号を表すものである．

[*1] 日本工業標準調査会のホームページ (http://www.jisc.go.jp/index.html) を参照されたい．

◇ 信頼性に関する用語

信頼性工学において，対象となる機器あるいはシステムなどを総称してアイテム (item: G1) とよび，アイテムが与えられた条件の下で，規定の期間，要求機能を遂行できる能力を信頼性 (reliability: R3) とよぶ．信頼性に加え，保全性能や保全支援能力を含めた包括的な能力を指すのがディペンダビリティ (dependability: R1) である．

信頼性の尺度を数値化したものを総称して信頼性特性値 (reliability characteristics: R5) とよぶが，その中で最も基本となるのが信頼度 (reliability: R6) であり，これは，与えられた条件下で，所定の期間内に故障が起きない確率と定義されている．定性的用語である「信頼性」と，定量的用語である「信頼度」は，英語では共に reliability である点には注意が必要である．なお，ディペンダビリティは定性的な意味でのみ用いられる用語である．

アイテムを使用開始後，廃却に至るまでの期間を寿命 (life) とよぶが，JIS Z 8115:2000 では，アイテムに対する要求定義の段階を広義の開始と解釈した拡張的な用語として，ライフサイクル (life cycle: G8) が導入されている．アイテムの特性や性能は，後に述べるソフトウェアを除いて，使用時間が増加するにつれて低下していく．これを劣化 (degradation: G11) とよんでいる．

◇ 故障に関する用語

アイテムが要求機能を達成する能力を失うことを故障 (failure: F1) という．故障という用語は，構造システムを対象とした信頼性工学などでは，「破壊」に置き換えられることも多い．JIS Z 8115:2000 では，故障とは別にフォールト (fault: FS4) が導入されており，これは「要求された機能を遂行不可能なアイテムの状態」などと定義されている．

◇ 保全に関する用語

保全性 (maintainability: MM1) とは，アイテムが要求機能を実行できる状態に保持あるいは修復され得る能力のことを指す．これに対して，保全度 (maintainability: MM3) とは，アイテムに対する保全作業が，与えられた使用条件の下で，規定の時間間隔内に終了する確率をいう．信頼性と信頼度の関係と同

じように，保全性は定性的用語，保全度は定量的用語であるが，英語では共にmaintainability である．また，信頼性に対して信頼性特性値があるように，保全性の尺度を数量的に表したものを**保全性特性値** (maintainability characteristics: MM17) という．

保全は，故障あるいはフォールトの発見後に修復を目的として行われる**事後保全** (corrective maintenance: MA8) と，アイテムの故障を未然に防ぐために行う**予防保全** (preventive maintenance: MA7) に大別される．保全性特性値を含めて，保全についても第6章で詳しく述べる．

信頼性に保全性の機能を加味して，アイテムが要求機能を遂行できる状態にある能力を**アベイラビリティ** (availability: A1) という．アベイラビリティについても第6章で詳しく述べる．

◇ 設計に関する用語

アイテムに信頼性を付与する目的の設計技術を総称して**信頼性設計** (reliability design: D1) という．信頼性の概念を導入して設計を行うには，アイテムの内部構造をシステムとしてとらえ，システムとしての信頼性という観点から考察することが重要となる．このとき，基本となるのが機能遂行のための手段を複数用意しておく技術で，これは**冗長** (redundancy: D3) とよばれる．冗長性を利用したシステムの信頼性の解析法については，第5章で詳しく述べる．

アイテムの目標寿命以内では故障が生じないように配慮する設計は，**安全寿命設計** (safe life design: D15) とよばれ，故障の原因の除去を強調する場合は，**フォールトアボイダンス** (fault avoidance: D19) とよばれる．これに対して，アイテム内に放置しておけば故障に至るようなフォールトが存在しても，要求機能が達成できるような性質を持たせることを，**フォールトトレランス** (fault tolerance: D21) という．

フォールトに対する対処ではなく，故障に対する対処を表す設計思想が，**フェールセーフ** (fail safe: D16) である．すなわち，アイテムが故障しても，あらかじめ定められた安全な状態に移行できるような設計のことを指す．これに対して，**フェールソフト** (fail soft: D17) とは，フォールトが存在しても，機能を縮退しながらアイテムが要求機能を遂行し続けることができる設計を指す．

CHAPTER 2

信頼性の数量化の基礎

2.1 基本的な信頼性評価尺度

2.1.1 信頼度関数と故障分布関数

対象とするアイテムを時刻 $t=0$ で使用を開始するものとし，A_t $(t>0)$ を時刻 t までにアイテムが故障しないという事象とする．このとき，事象 A_t が生起する確率

$$R(t) = P(A_t) \quad (t>0) \tag{2.1}$$

を，このアイテムの**信頼度関数** (reliability function)，あるいは**信頼度** (reliability) という．ここで，$P(A)$ は事象 A が生起する確率を表す[*1]．通常，使用開始時にはアイテムは故障していないものとするので，信頼度関数は $R(0)=1$ を満たす．また，一度故障したアイテムが自然に稼働することは起こらないので，$R(t)$ は単調非増加関数となる．

信頼度関数を 1 から減じた

$$F(t) = 1 - R(t) \quad (t>0) \tag{2.2}$$

を**故障分布関数** (failure distribution function) または**不信頼度関数** (unreliability function) とよぶ．$F(t)$ は信頼度関数に対する余事象の確率を表すので，

[*1] 生起するすべての結果を集めた集合 Ω を**標本空間** (sample space) とよび，Ω の部分集合から成る集合族で，Ω 自身を含み，かつ，加算無限回の集合演算で閉じているものを $\mathscr{F}$ と表す．この $\mathscr{F}$ の要素である Ω の部分集合に対して，区間 $[0,1]$ の実数を対応させる写像 P で，完全可算性を持つものを**確率測度** (probability measure) という．$\mathscr{F}$ に属する Ω の部分集合を**事象** (event) とよび，事象 A に対する確率測度 P の値 $P(A)$ を，事象 A の生起する確率 (probability) とよぶ．

時刻 t までに故障している確率を与えることになる．信頼度関数の性質から，$F(0) = 0$ であり，$F(t)$ は単調非減少関数となる．

アイテムに対する保全の影響を考慮して，アイテムが使用できる状態にある確率を表したものをアベイラビリティ (availability) という．アベイラビリティについては第 6 章で詳しく述べる．

2.1.2 故障率

故障分布関数 $F(t)$ は単調非減少関数となるので，各時点において故障が発生しやすい状態にあるかどうかを，$F(t)$ の時間変化そのものからは判断することが難しい．ある時点における故障発生の起こりやすさを表すには，その時点までに故障していないという条件下での条件付確率を用いた方がわかりやすい．微小時間区間 $(t, t + \Delta t]$ で故障の発生する確率は $F(t + \Delta t) - F(t)$ となるので，時刻 t までに故障していないという条件下で $(t, t + \Delta t]$ で故障の発生する条件付確率は，

$$\frac{F(t + \Delta t) - F(t)}{R(t)}$$

で与えられる．これを Δt で除して $\Delta t \to 0$ の極限を取った

$$h(t) = \lim_{\Delta t \to 0} \frac{F(t + \Delta t) - F(t)}{R(t) \Delta t} \tag{2.3}$$

を故障率 (failure rate)，あるいはハザード率 (hazard rate) という．

故障分布関数 $F(t)$ が微分可能である場合，その導関数を $f(t)$ と表すと，式 (2.3) より，故障率 $h(t)$ は，

$$h(t) = \frac{f(t)}{R(t)} \tag{2.4}$$

と表すことができる．$F(t)$ が微分可能であれば式 (2.2) により $R(t)$ も微分可能であり，$f(t) = -dR(t)/dt$ が成立する．したがって，

$$h(t) = -\frac{1}{R(t)} \frac{dR(t)}{dt}$$

となるので，これを $R(0) = 1$ の初期条件の下で積分することにより，

$$R(t) = \exp\left\{-\int_0^t h(s) ds\right\} \tag{2.5}$$

が得られる．

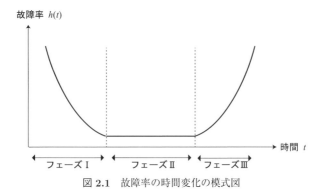

図 2.1　故障率の時間変化の模式図

　信頼度関数あるいは累積故障確率関数は単調に変動していくが，故障率 $h(t)$ は必ずしも単調に変化していくとは限らない．故障率が時間と共に増加していく場合を **IFR** (increasing failure rate) といい，減少していく場合を **DFR** (decreasing failure rate) という．特に故障率が時間と共に変化しない場合を **CFR** (constant failure rate) とよぶが，これは偶発故障 (accidental failure) とよばれることもある．

　IFR は，アイテムが長期間の使用下で次第に劣化していくプロセスを記述するのに適しており，物理的な劣化が何らかの形で必ず現れるハードウェア製品では，最終的にこのような故障形態に移行することは避けられない．これは摩耗劣化とよばれている．これに対して，新しい製品の開発直後にも故障率が高くなるケースが多くみられる．こういった特性から，一般に，機械製品の故障率は，図 2.1 のような時間推移を示すことが多い．図 2.1 の曲線は，形状が風呂の浴槽に似ていることから，バスタブ曲線 (bathtub curve) とよばれている．図 2.1 におけるフェーズ I は，製品の初期故障の発生を主に表しており，発売後に発生した不具合に製造側が対応していくことから，故障発生頻度は一般に低下していく DFR となる．その後故障率値は最も低い状態に落ち着き，ほぼ CFR となるフェーズ II に移る．これは上述の偶発故障に対応する領域で，落雷などの突発的な自然災害に起因する故障がその一例である．最後に，上述のように製品の摩耗劣化の発生頻度が高まって，IFR となるフェーズ III に移行する．なお，最後に摩耗故障の頻度が高まるのは，機械などのハードウェア製品の特徴で，ソフトウェアについてはこのようなことが起こらず，フェーズ III

2.1.3 アイテムの寿命とその確率分布

アイテムが最初に稼働を開始してから,故障発生に至るまでに要する時間を寿命 (life) とよぶ.ある程度の稼働の後に故障発生までの時間を計る場合は,余寿命 (residual life) とよぶことも多い.

アイテムの寿命を T と表すものとすると,ある時刻 $t\,(>0)$ までにアイテムが故障するということは,$T \leq t$ が成立することと同値である.したがって,故障分布関数 $F(t)$ は,

$$F(t) = P(T \leq t) \tag{2.6}$$

と表すことができる.このことは,故障分布関数 $F(t)$ は,そのアイテムの寿命 T の確率分布関数 (probability distribution function) に等しいことを示している.このため,以下では寿命分布関数 (life distribution function) というよび方も用いることとする.

2.1.4 MTTF と MTBF

アイテムが稼働を開始してから,故障に至るまでに要する時間の期待値(平均値)を平均故障時間 (mean time to failure = MTTF) という.MTTF は,寿命 T の期待値 $E\{T\}$ に等しい.MTTF も信頼性特性値の 1 つであり,MTTF が大きいほどアイテムの信頼性は高い.

式 (2.6) で与えられる $F(t)$ が微分可能であるならば,MTTF は次の積分で算出される.

$$\text{MTTF} = \int_0^\infty tf(t)dt \tag{2.7}$$

ここで,$f(t) = dF(t)/dt$ は寿命 T の確率密度関数となっている(寿命分布関数に対応して $f(t)$ を寿命密度関数 (life density function) とよぶ).もしも,$\lim_{t\to\infty} tR(t) = 0$ で,積分 $\int_0^\infty R(t)dt$ が収束するならば,式 (2.7) に部分積分を適用することにより,

$$\text{MTTF} = \int_0^\infty R(t)dt \tag{2.8}$$

が成立する.$R(\infty) = \lim_{t\to\infty} R(t) > 0$ の場合は,永久に故障しないアイテムが

存在し，その確率が $R(\infty)$ となっていことに対応している．この場合，寿命が ∞ となる確率がゼロでなくなるので，当然寿命の期待値は発散する．

アイテムの修理が可能である場合は，故障が発生した時点で修理（事後保全）を行い，再度稼働させることになる．この場合は，故障が発生するまでの時間を，寿命とはよばずに，**故障時間間隔** (time between failures) とよぶことが多い．この期待値を平均故障時間間隔 (mean time between failures = MTBF) とよぶ．修理により新品と同じ状態に復帰できるならば，新品の使用が繰り返されることになるので，MTBF は MTTF と等しい．しかし，修理により完全に新品と同じ状態に復帰できない場合や，修理に要する時間を考慮に入れる必要がある場合は，MTBF は MTTF とは異なる．修理により新品状態に戻せない場合は，最初の故障が発生するまでの時間の期待値が，修理できないアイテムでの MTTF に対応する．これを **MTTFF** (mean time to first failure) とよんで区別する．

2.1.5 離散時間変数を用いた記述

信頼度あるいは寿命分布関数の時間変化を記述する時間変数は，連続な変数としない方がよい場合もある．例えば，アイテムの故障に関するデータが日単位でしか得られないような場合は，時間変数を離散変数として定式化を与えておいた方が便利である．

時間変数が離散値 $t_0, t_1, t_2, \cdots$ を取るものとし，これらは等間隔であるものとする．この条件の下で，簡単のために t_n $(n = 0, 1, 2, \cdots)$ を整数 n $(= 0, 1, 2, \cdots)$ に写像して表現することとし，「時点 n」というよび方を用いるものとする．ただし $n = 0$ は初期時刻 $t = 0$ に対応しているものとする．以上の設定の下で，時点 n までにアイテムが故障していない確率を R_n $(n = 0, 1, 2, \cdots)$ と表し，$F_n = 1 - R_n$ $(n = 0, 1, 2, \cdots)$ と表す．これらは実数列であり，それぞれ $R(t)$, $F(t)$ に代わるものとなる．

この表式の下で故障率を表現するには，$f(t) = dF(t)/dt$ を離散変数上で近似しなければならない．この近似を前進差分を用いて行うものとすると，式 (2.4) に対応して，

$$h_n = \frac{F_{n+1} - F_n}{R_n} = \frac{R_n - R_{n+1}}{R_n} \quad (n = 0, 1, 2, \cdots) \tag{2.9}$$

が故障率を与える．ただし，連続時間形式での故障率 $h(t)$ は単位時間当たりの確率を与えるのに対して，h_n はそれ自体が確率を与えるので，$0 \leq h_n \leq 1$ $(n = 0, 1, 2, \cdots)$ である点に注意しよう．式 (2.9) を R_n について解くと，

$$R_n = \prod_{i=1}^{n}(1 - h_{i-1}) \quad (n = 1, 2, \cdots) \tag{2.10}$$

が得られる．これが式 (2.5) に対応することになる．

離散時間変数の下での MTTF は，

$$\mathrm{MTTF} = \sum_{n=1}^{\infty} f_{n-1} = \sum_{n=1}^{\infty} n(F_n - F_{n-1})$$

で定義されるが，ここに $F_n = 1 - R_n$ を代入して整理することにより，

$$\mathrm{MTTF} = \sum_{n=0}^{\infty} R_n \tag{2.11}$$

が得られる．これが式 (2.8) に対応する．連続変数の場合と同様に，$\lim_{n \to \infty} R_n > 0$ となる場合は MTTF は発散し，また，たとえ $\lim_{n \to \infty} R_n = 0$ が成立したとしても，必ずしも式 (2.11) は収束するとは限らない点に注意しよう．

2.2 主な寿命分布とその特性

2.2.1 指 数 分 布

寿命分布関数 $F(t)$ が次式で与えられるとき，**指数分布** (exponential distribution) という．

$$F(t) = \begin{cases} 1 - e^{-\lambda t} & (t \geq 0) \\ 0 & (t < 0) \end{cases} \tag{2.12}$$

ここで，λ は正のパラメーターである．指数分布の寿命密度関数，平均，分散[*2)]

[*2)] 本書では，寿命 T の期待値（平均）を $\mathrm{E}\{T\}$ と表す．また，分散は，偏差 $T - \mathrm{E}\{T\}$ の 2 乗平均であり，$\mathrm{Var}\{T\}$ と表す．分散は，平均および 2 乗平均を用いて，$\mathrm{Var}\{T\} = \mathrm{E}\{T^2\} - (\mathrm{E}\{T\})^2$ で算出することができる．

は次式で与えられる．

$$f(t) = \frac{dF(t)}{dt} = \lambda e^{-\lambda t}, \quad \mathrm{E}\{T\} = \frac{1}{\lambda}, \quad \mathrm{Var}\{T\} = \frac{1}{\lambda^2} \qquad (2.13)$$

また，例題 2.3 で述べるように，指数分布では故障率は一定となる．

例題 2.1 アイテムの寿命 T がパラメーター λ の指数分布に従うとき，以下の問に答えよ．

1) 次の式が成立することを示せ．

$$P(T \leq t_0 + t | T > t_0) = P(T \leq t) = F(t) = 1 - e^{-\lambda t} \qquad (2.14)$$

2) このアイテムについて，時間 t_0 使用して故障していない A と，新品状態の B とでは，余寿命の従う確率分布が同じであることを示せ．

[解答]

1)

$$P(T \leq t_0 + t | T > t_0) = \frac{P(t_0 < T \leq t_0 + t)}{P(T > t_0)} = \frac{F(t_0 + t) - F(t_0)}{1 - F(t_0)}$$
$$= \frac{e^{-\lambda(t+t_0)} - e^{-\lambda t_0}}{e^{-\lambda t_0}} = 1 - e^{-\lambda t}$$

2) アイテム A の寿命は 1) の結果に等しく，アイテム B は新品であるから仮定によりパラメーター λ の指数分布に従う．したがって，1) の結果から両分布は同じ分布となる．

□

式 (2.14) は，例題 2.1 の 2) の性質を数式で表現したもので，アイテムの使用履歴がその後の余寿命の確率分布に影響を与えないことから，**無記憶性** (memoryless property) とよばれている．例題 2.1 の結果から，指数分布は無記憶性を持つが，逆に，正の値を取る確率変数の従う確率分布が連続分布のとき，その分布が無記憶性を持つならば，指数分布となることが知られている．すなわち，正の値を取る確率変数の従う確率分布が連続分布であるならば，指数分布であることと無記憶性を持つことは同値である．このことは，確率分布の形を特定する上で，非常に重要な役割を演ずる．

指数分布は無記憶性を持つため，偶発的な原因で発生する故障に関する寿命

の分布に用いられる．例えば，落雷による停電が原因で起こる電気システムの故障などまでの時間の分布などに適用されている．その他に，材料内部の欠陥・亀裂寸法（特に新品材料に内在する微小欠陥寸法）の分布や，地震源のマグニチュードの分布，待ち行列システムにおける客の到着時間間隔の分布，など幅広く用いられている．

2.2.2 ワイブル分布

寿命分布関数 $F(t)$ が次式で与えられるとき，ワイブル分布 (Weibull distribution) という．

$$F(t) = \begin{cases} 1 - \exp\left\{-\left(\dfrac{t}{\beta}\right)^\alpha\right\} & (t \geq 0) \\ 0 & (t < 0) \end{cases} \tag{2.15}$$

α，β は共に正のパラメーターで，α を形状パラメーター (shape parameter) とよび，β を尺度パラメーター (scale parameter) とよぶ．形状母数が $\alpha = 1$ となる場合は，ワイブル分布は指数分布となる．ワイブル分布の寿命密度関数，平均，分散は次式で与えられる．

$$f(t) = F'(t) = \frac{\alpha t^{\alpha-1}}{\beta^\alpha} \exp\left\{-\left(\frac{t}{\beta}\right)^\alpha\right\} \tag{2.16}$$

$$\mathrm{E}\{T\} = \beta\Gamma\left(1 + \frac{1}{\alpha}\right), \quad \mathrm{Var}\{T\} = \beta^2\left[\Gamma\left(1 + \frac{2}{\alpha}\right) - \left\{\Gamma\left(1 + \frac{1}{\alpha}\right)\right\}^2\right] \tag{2.17}$$

ここで，Γ はガンマ関数である（付録 A.1，式 (A.1) を参照）．

例題 2.2 式 (2.17) を導出せよ．

[解答] 式 (2.16) より，寿命 T の n 次のモーメントは

$$\mathrm{E}\{T^n\} = \int_0^\infty t^n \frac{\alpha t^{\alpha-1}}{\beta^\alpha} \exp\left\{-\left(\frac{t}{\beta}\right)^\alpha\right\} dt$$

で算出される．ここで，$u = (t/\beta)^\alpha$ と変数変換すると，

$$\mathrm{E}\{T^n\} = \int_0^\infty \beta^n u^{n/\alpha} \frac{\alpha}{\beta} u^{(\alpha-1)/\alpha} \mathrm{e}^{-u} \frac{\beta}{\alpha} u^{-(\alpha-1)/\alpha} du = \beta^n \int_0^\infty u^{n/\alpha} \mathrm{e}^{-u} du$$

となるので，ガンマ関数の定義である式 (A.1) を用いると，

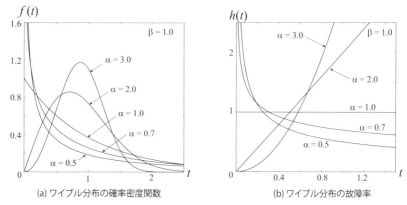

図 **2.2** いくつかの形状パラメーターに対するワイブル分布の寿命密度関数と故障率

$$\mathrm{E}\{T^n\} = \beta^n \Gamma\left(\frac{n}{\alpha}+1\right)$$

が得られる．これより，$\mathrm{Var}\{T\} = \mathrm{E}\{T^2\} - (\mathrm{E}\{T\})^2$ に注意すると，式 (2.17) が得られる．

□

図 2.2 (a) は，尺度パラメーターを $\beta = 1$ に固定した上で，形状パラメーター α のいくつかの値に対して，式 (2.16) で与えられるワイブル分布の寿命密度関数をプロットしたものである．

例題 2.3 アイテムの寿命 T がワイブル分布に従う場合の故障率を求め，形状パラメーターの値に応じてその時間変動特性が変わることを示せ．

[解答] 式 (2.4) に，式 (2.16) と $R(t) = 1 - F(t) = \exp\left\{-\left(\frac{t}{\beta}\right)^\alpha\right\}$ を代入すると，

$$h(t) = \frac{\alpha}{\beta}\left(\frac{t}{\beta}\right)^{\alpha-1} \tag{2.18}$$

が得られる．これより，$\alpha > 1$ の場合は IFR 型，$\alpha = 1$ の場合は CFR 型，$0 < \alpha < 1$ の場合は DFR 型となる．これより，指数分布については故障率が一定となることがわかる．図 2.2 (b) は，尺度パラメーターを $\beta = 1$ に固定した上で，形状パラメーター α のいくつかの値に対して，ワイブル分布の故障率を時間の関数としてプロットしたものである．

□

ワイブル分布は，2.2.5 項で述べる極値分布の一種であることから，極値分布の考え方が適用できるような故障や破壊形態を持つアイテムの寿命の確率分布に非常に広く用いられている．また，例題 2.2 および図 2.2 (b) で示したように，形状パラメーターの値によって，故障率の時間変化の特性を変えることができることから，さまざまな故障形態の寿命分布に適用できるという特長を持っている．

ワイブル分布を寿命の正の方向にシフトした分布，すなわち，寿命分布関数が

$$F(t) = \begin{cases} 1 - \exp\left\{-\left(\dfrac{t-\gamma}{\beta}\right)^{\alpha}\right\} & (t \geq \gamma) \\ 0 & (t < \gamma) \end{cases} \quad (2.19)$$

で与えられる場合，これを **3 パラメーターのワイブル分布** とよび，パラメーター γ を位置パラメーター (shift parameter) とよぶ．特に，$\alpha = 1$ の場合は，**シフトされた指数分布** (shifted exponential distribution) とよぶこともある．単にワイブル分布というときは，式 (2.15) で与えられる分布を指すことが多いが，3 パラメーターのワイブル分布と特に区別する必要がある場合は，式 (2.15) で与えられる分布を **2 パラメーターのワイブル分布** とよぶ．3 パラメーターのワイブル分布は，寿命に明確な下限値が存在することを前提とするものであるから，そのような下限値の存在が明確に示せないような場合は，寿命の推定に関して危険側の評価を与えることにつながるので注意が必要である．

2.2.3 正 規 分 布

寿命密度関数 $f(t)$ が次式で与えられるとき，**正規分布** (normal distribution) あるいは**ガウス分布** (Gaussian distribution) という．

$$f(t) = \dfrac{1}{\sqrt{2\pi\sigma^2}} \exp\left\{-\dfrac{(t-m)^2}{2\sigma^2}\right\} \quad (2.20)$$

なお，正規分布の分布範囲は $(-\infty, \infty)$ であるので，「負の寿命」が出現する確率がゼロではなくなる．しかし，分布の平均に比べて標準偏差が十分に小さい場合，そのような確率は十分に小さく，事実上ゼロであるとみなすことができる．正規分布を寿命分布に用いる場合は，そのような仮定が成立しているものとする．図 2.3 (a) に，平均を $m = 1$ に固定した上で，いくつかの標準偏差 σ

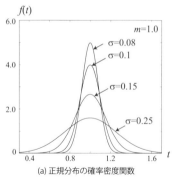
(a) 正規分布の確率密度関数

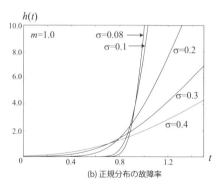
(b) 正規分布の故障率

図 2.3 いくつかの σ の値に対する正規分布の寿命密度関数と故障率

の値に対して式 (2.20) で与えられる正規分布の寿命密度関数のグラフを示す.

正規分布の平均,分散は次式となる(演習問題 2.3 参照).

$$\mathrm{E}\{T\} = m, \quad \mathrm{Var}\{T\} = \sigma^2 \tag{2.21}$$

以下では,平均 m,分散 σ^2 の正規分布を $\mathrm{N}(m, \sigma^2)$ と表示する.

正規分布の寿命分布関数は,初等関数では表すことができない.$\mathrm{N}(0,1)$ の確率分布関数

$$\Phi(t) = \int_{-\infty}^{t} \frac{1}{\sqrt{2\pi}} \mathrm{e}^{-u^2/2} du \tag{2.22}$$

を**標準正規分布関数** (standardized normal distribution function) といい,多くの数値計算ライブラリにはこの関数が取り入れられている.

例題 2.4 アイテムの寿命 T が正規分布 $\mathrm{N}(m, \sigma^2)$ に従う場合,その確率分布関数は標準正規分布関数を用いて次のように表せることを示せ.

$$F(t) = \Phi\left(\frac{t-m}{\sigma}\right) \tag{2.23}$$

[解答]

$$F(t) = \int_{-\infty}^{t} f(u) du = \frac{1}{\sqrt{2\pi\sigma^2}} \int_{-\infty}^{t} \exp\left\{-\frac{(u-m)^2}{2\sigma^2}\right\} du$$

において,$v = (u-m)/\sigma$ と置換すると,$du = \sigma dv$ に注意して,

$$F(t) = \int_{-\infty}^{(t-m)/\sigma} \mathrm{e}^{-v^2/2} dv = \Phi\left(\frac{t-m}{\sigma}\right)$$

□

例題 2.5 アイテムの寿命 T が正規分布 $\mathrm{N}(m, \sigma^2)$ に従う場合の故障率を求めよ.

[解答] 式 (2.23) より,信頼度関数は

$$R(t) = 1 - F(t) = \bar{\Phi}\left(\frac{t-m}{\sigma}\right)$$

となる.ここで,$\bar{\Phi}(t)$ は標準正規分布の余関数 (complementary function of standardized normal distribution) で,

$$\bar{\Phi}(t) = \int_t^\infty \frac{1}{\sqrt{2\pi}} e^{-u^2/2} du \tag{2.24}$$

で定義される.なお,標準正規分布の確率密度関数は偶関数であることから,

$$\bar{\Phi}(t) = \Phi(-t) \tag{2.25}$$

が成立する.$f(t)$ は式 (2.20) で与えられるので,式 (2.4) より故障率は次式となる.

$$h(t) = \frac{1}{\sqrt{2\pi\sigma^2}\,\bar{\Phi}\left(\dfrac{t-m}{\sigma}\right)} \exp\left\{-\frac{(t-m)^2}{2\sigma^2}\right\}$$

□

図 2.3 (b) に,いくつかの σ の値に対する,正規分布の場合の故障率 $h(t)$ の時間変動の様子を示す.この図からわかるように,寿命分布を正規分布とした場合の故障率は IFR 型であり,フェーズ III の摩耗故障の様子を記述するのに適していることがわかる.

例題 2.6

1) 2つの確率変数 T_1, T_2 があり,それぞれの従う確率密度関数 $f_{T_1}(t)$, $f_{T_2}(t)$ が与えられており,かつ T_1 と T_2 は独立[*3)]であるものとする.このとき,$T = T_1 + T_2$ により新たな確率変数 T を定義するとき,T の確率密度関数 $f_T(t)$ を,$f_{T_1}(t)$ と $f_{T_2}(t)$ で表せ.

[*3)] 一般に工学の諸分野では「独立」という用語をさまざまな意味で用いることから,確率変数が独立であることを「統計的に独立」と区別して述べることもある.本書では特に混乱の恐れがない限り「独立」と記することとする.

2) T_1, T_2 がそれぞれ正規分布 $N(m_1, \sigma_1^2)$, $N(m_2, \sigma_2^2)$ に従い, 独立であるものとする. 1) の結果を利用して, 和 $T = T_1 + T_2$ も正規分布に従い, その平均 m, 分散 σ^2 は, 次式で与えられることを示せ.

$$m = m_1 + m_2, \quad \sigma^2 = \sigma_1^2 + \sigma_2^2$$

[解答]

1) T の確率分布関数を $F_T(t)$ とすると, 全確率の公式を用いることにより,

$$F_T(t) = P(T_1 + T_2 \leq t) = \int_{-\infty}^{\infty} P(T_1 + T_2 \leq t | T_2 = t') f_{T_2}(t') dt'$$

となるが, T_1 と T_2 が独立であることから, $F_{T_1}(t)$ を T_1 の確率分布関数として

$$P(T_1 + T_2 \leq t | T_2 = t') = P(T_1 \leq t - t') = F_{T_1}(t - t')$$

が成立するので,

$$F_T(t) = \int_{-\infty}^{\infty} F_{T_1}(t - t') f_{T_2}(t') dt'$$

が得られる. この両辺を t で微分することにより, 次の関係式が得られる.

$$f_T(t) = \int_{-\infty}^{\infty} f_{T_1}(t - t') f_{T_2}(t') dt' = (f_{T_1} * f_{T_2})(t) \quad (2.26)$$

ここで, $*$ は合成積 (たたみ込み積分) を表す.

2) 式 (2.26) に式 (2.20) を代入すると,

$$f_T(t) = \frac{1}{2\pi \sigma_1 \sigma_2} \int_{-\infty}^{\infty} \exp\left\{-\frac{1}{2\sigma_1^2}(t - t' - m_1)^2 - \frac{1}{2}(t' - m_2)^2\right\} dt'$$

となるが, ここで積分内の指数関数の引数について, 積分変数 t' の 2 次式とみて平方完成の変形を行い, $t' - A = u$ ($A = \frac{m_2 \sigma_1^2 + (t - m_1)\sigma_2^2}{\sigma_1^2 + \sigma_2^2}$) と置換すると,

$$f_T(t) = \frac{1}{2\pi \sigma_1 \sigma_2} \exp\left\{-\frac{(t - m_1 - m_2)^2}{2(\sigma_1^2 + \sigma_2^2)}\right\}$$
$$\times \int_{-\infty}^{\infty} \exp\left(-\frac{\sigma_1^2 + \sigma_2^2}{2\sigma_1^2 \sigma_2^2} u^2\right) du$$

となるので, ガウスの積分公式 (演習問題 2.3 参照) を用いることにより,

$$f_T(t) = \frac{1}{\sqrt{2\pi(\sigma_1^2 + \sigma_2^2)}} \exp\left\{-\frac{(t - m_1 - m_2)^2}{2(\sigma_1^2 + \sigma_2^2)}\right\}$$

が得られる．したがって，T は平均が $m_1 + m_2$，分散が $\sigma_1^2 + \sigma_2^2$ の正規分布に従うことがわかる．

□

例題 2.6 の結果から，独立な正規分布に従う確率変数の和も正規分布に従い，その平均，分散はそれぞれの平均，分散の総和となる．この性質は，正規分布の**再生性** (reproductive property) とよばれている．独立な確率変数の和が従う分布では，各々の分布形に依らずに，分散は例題 2.6 と同じようにそれぞれの分散の和になるが，和が従う分布形はもとの確率変数の分布形とは一般には同じにはならない．和を取る操作により分布形が変化しないのは正規分布の大きな特徴である [*4]．

5.1.3 項で述べる待機冗長システムでは，アイテム全体としての寿命は，待機要素を含むすべての要素の寿命の和となる．したがって，例題 2.6 により，それぞれの寿命が正規分布に従う場合は，アイテム全体の寿命分布も正規分布となる．また，溶接された補強部材を含むような構造システムでは，溶接部が破壊された後に構造本体に破壊現象が及ぶということもあるが，このような場合にも，溶接部の寿命と本体の寿命の和により全体の寿命が構成されるという考え方が有効となる．

2.2.4　対数正規分布

寿命の対数を取ったものが正規分布に従うとき，寿命は**対数正規分布** (log normal distribution) に従うという．対数正規分布に従う寿命密度関数は次式で与えられる．

$$f(t) = \frac{1}{\sqrt{2\pi\sigma_L^2}} \frac{1}{t} \exp\left\{-\frac{(\log t - m_L)^2}{2\sigma_L^2}\right\} \tag{2.27}$$

[*4] もとの確率分布形が正規分布でなくても，和を取る個数が大きくなると，和が従う分布形は正規分布に近づいていくことが証明されている．これを**中心極限定理** (central limit theorem) という．一般に，誤差やばらつきがさまざまな要因の積重ねにより生じているという考え方の下に，中心極限定理の効果から正規分布を適用するというケースが多い．寿命のばらつきについてもこの考え方が適用できるケースもある．

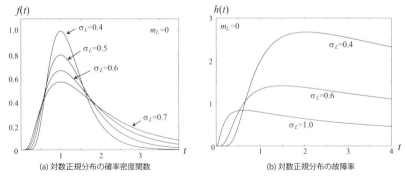

(a) 対数正規分布の確率密度関数 (b) 対数正規分布の故障率

図 2.4 いくつかの σ_L の値に対する対数正規分布の寿命密度関数と故障率

パラメーター m_L, σ_L は次の関係を満たす.

$$\mathrm{E}\{\log T\} = m_L, \quad \mathrm{Var}\{\log T\} = \sigma_L^2 \qquad (2.28)$$

このため, m_L を**対数平均**, σ_L を**対数標準偏差**とよぶ. 対数平均 m_L, 対数標準偏差 σ_L の対数正規分布を $\mathrm{LN}(m_L, \sigma_L^2)$ と表示することとする. 図 2.4 (a) は, $m_L = 0$ に固定した上で, 対数標準偏差 σ_L のいくつかの値に対して, 式 (2.27) で与えられる対数正規分布の寿命密度関数のグラフを描いたものである.

寿命が対数正規分布 $\mathrm{LN}(m_L, \sigma_L^2)$ に従うとき, その平均, 分散は次式で与えられる.

$$\mathrm{E}\{T\} = \mathrm{e}^{m_L + \frac{1}{2}\sigma_L^2}, \quad \mathrm{Var}\{T\} = \mathrm{e}^{2m_L + \sigma_L^2}\left\{\mathrm{e}^{\sigma_L^2} - 1\right\} \qquad (2.29)$$

例題 2.7 アイテムの寿命 T が対数正規分布 $\mathrm{LN}(m_L, \sigma_L^2)$ に従う場合について以下の問に答えよ.
 1) 式 (2.29) を導出せよ.
 2) 故障率関数 $h(t)$ を求めよ.

[解答]
 1) 式 (2.27) により, 寿命 T の n 次のモーメントは

$$\mathrm{E}\{T^n\} = \int_0^\infty t^n \frac{1}{\sqrt{2\pi\sigma_L^2}} \frac{1}{t} \exp\left\{-\frac{(\log t - m_L)^2}{2\sigma_L^2}\right\} dt$$

となる. ここで, 積分変数を $y = (\log t - m_L)/\sigma_L$ により y に変換すると

2.2 主な寿命分布とその特性

$$\mathrm{E}\{T^n\} = \frac{1}{\sqrt{2\pi}} \int_{-\infty}^{\infty} \exp\left\{n(\sigma_L y + m_L) - \frac{1}{2}y^2\right\} dy$$

$$= \frac{1}{\sqrt{2\pi}} \exp\left(nm_L + \frac{1}{2}n^2\sigma_L^2\right) \int_{-\infty}^{\infty} \exp\left\{-\frac{1}{2}(y - n\sigma_L)^2\right\} dy$$

$$= \exp\left(nm_L + \frac{1}{2}n^2\sigma_L^2\right)$$

となることから,$\mathrm{Var}\{T\} = \mathrm{E}\{T^2\} - (\mathrm{E}\{T\})^2$ を用いることにより,式 (2.29) が得られる.

2) 寿命分布関数 $F(t)$ は,式 (2.27) より,

$$F(t) = \int_0^t \frac{1}{\sqrt{2\pi\sigma_L^2}} \frac{1}{u} \exp\left\{-\frac{(\log u - m_L)^2}{2\sigma_L^2}\right\}$$

となるので,同じように積分変数を $y = (\log u - m_L)/\sigma_L$ により y に変換すると,

$$F(t) = \frac{1}{\sqrt{2\pi}} \int_{-\infty}^{(\log u - m_L)/\sigma_L} \exp\left(-\frac{1}{2}y^2\right) dy = \Phi\left(\frac{\log u - m_L}{\sigma_L}\right)$$

となることがわかる.ここで,Φ は式 (2.22) で定義される標準正規分布関数である.これより,信頼度関数は

$$R(t) = 1 - F(t) = 1 - \Phi\left(\frac{\log u - m_L}{\sigma_L}\right) = \bar{\Phi}\left(\frac{\log t - m_L}{\sigma_L}\right)$$

となる.ここで $\bar{\Phi}$ は式 (2.24) で定義される標準正規分布の余関数である.したがって,故障率関数は式 (2.4) から,次式となる.

$$h(t) = \frac{1}{t\sqrt{2\pi\sigma_L^2}\bar{\Phi}\left(\frac{\log t - m_L}{\sigma}\right)} \exp\left\{-\frac{(\log t - m_L)^2}{2\sigma_L^2}\right\}$$

□

図 2.4 (b) に,いくつかの σ_L の値に対する,対数正規分布の場合の故障率 $h(t)$ の時間変動の様子を示す.この図から,IFR 型から緩やかな DFR 型に移行していき,対数標準偏差 σ_L が大きくなるほど DFR 型への移行が早くなることがわかる.

対数正規分布は,さまざまな工業製品の寿命の確率分布として用いられるだけでなく,数理ファイナンス・金融工学における,株価などの証券価格の従う

確率分布，保険数理における，保険金請求額の従う確率分布など，非常に幅広く用いられている．特に構造システムを対象とした信頼性工学においては，地震動の加速度の大きさや，構造物の耐震強度の確率分布，金属材料の疲労破壊寿命の従う確率分布などに用いられており，極めて重要な役割を演じている．

2.2.5 極値分布

非常に高い信頼性が要求されるアイテムでは，アイテムを構成する各要素全体の平均的な性質よりも，構成要素の中の1つでも正常に動作しなければアイテム全体が正常に動作しない確率の方がアイテムの寿命の確率分布を決めると考えた方がよいケースがある．このようなケースで利用されるのがここで紹介する極値分布である．

a. 最大値および最小値の分布

n 個の独立な確率変数 $T_1, T_2, \cdots, T_n$ がすべて同じ確率分布に従い，その分布の確率分布関数を $F_0(t)$ とする．この確率変数の集まりから，

$$Y^{(n)} = \max\{T_1, T_2, \cdots, T_n\}$$

により，「n 個中の最大値」を構成すると，これもまた確率変数となる．$Y^{(n)} \leq t$ が成立することは，$T_1, T_2, \cdots, T_n$ すべてが t 以下であることと同値であるので，$Y^{(n)}$ の確率分布関数は

$$F_{Y^{(n)}}(t) = P(Y^{(n)} \leq t) = \{F_0(t)\}^n \tag{2.30}$$

となる．式 (2.30) から定まる確率分布を，最大値の分布 (distribution of maxima) とよぶ．

同じように，「n 個中の最小値」を $Z^{(n)}$ とすると，その確率分布関数は次式となる．

$$F_{Z^{(n)}}(t) = P(Z^{(n)} \leq t) = 1 - \{1 - F_0(t)\}^n \tag{2.31}$$

式 (2.31) から定まる確率分布を，最小値の分布 (distribution of minima) とよぶ．最大値および最小値の分布においては，$F_0(t)$ から定まる確率分布を原分布 (original distribution) とよぶ．

b. 極値の漸近分布

アイテムの寿命分布やシステムの特性値の確率分布に，最大値の分布あるいは最小値の分布の考え方を適用できる場合でも，その個数を正確に特定できない場合や，個数が非常に大きいと考えられる場合は，個数 n を大きくしていった場合の分布を採用するとよいことが多い．しかし，一般に $n \to \infty$ の極限を取ってしまうと，最大値 $Y^{(n)}$ の平均や分散も発散していくというケースが多く，$n \to \infty$ での分布の極限そのものを考えるのは難しい．そこで，最大値の確率分布関数 $F_{Y^{(n)}}(t)$ に対して，ある適当な数列 $\{a_n\}$，および正値数列 $\{b_n\}$ を選ぶことにより，

$$F_{Y^{(n)}}\left(\frac{t-a_n}{b_n}\right) \longrightarrow G(t) \quad (n \to \infty)$$

となるとき，この極限関数が確率分布関数を与えるような確率分布を，**最大値の漸近分布** (asymptotic distribution of maxima) とよぶ．

この定義により，$G(t)$ が最大値の漸近分布であれば，α および $\beta\,(>0)$ を定数として，

$$\widetilde{G}(t) = G\left(\frac{t-\alpha}{\beta}\right)$$

で与えられる $\widetilde{G}(t)$ も最大値の漸近分布となる．なぜならば，上式の a_n, b_n に対して，$\tilde{a}_n = a_n - \beta\alpha$, $\tilde{b}_n = \beta b_n$ と置くことにより，

$$F_{Y^{(n)}}\left(\frac{t-\tilde{a}_n}{\tilde{b}_n}\right) \longrightarrow \widetilde{G}(t) \quad (n \to \infty)$$

が成立するからである．このことから，確率分布関数の引数を1次変換することにより互いに変形可能な分布関数は同じ特性を持つ確率分布として，漸近分布の分布形の導出においては区別しないようにしておいた方がよい．この関係にある2つの確率分布関数は**同型** (same type) であるという表現を用いる．例えば，正規分布であれば，平均と分散が異なるような2つの正規分布を同型の分布であるとみなすことに対応している．

同様にして，最小値の確率分布関数 $F_{Z^{(n)}}(t)$ に対して，ある適当な数列 $\{c_n\}$，および正値数列 $\{d_n\}$ を選ぶことにより，

$$F_{Z^{(n)}}\left(\frac{t-c_n}{d_n}\right) \longrightarrow H(t) \quad (n \to \infty)$$

となるとき，この極限関数が確率分布関数を与えるような確率分布を，最小値の漸近分布 (asymptotic distribution of minima) とよぶ．最小値の漸近分布についても，同じ型に属するかどうかは最大値の漸近分布と同じように定義される．

最大値の漸近分布と最小値の漸近分布を併せて，極値の漸近分布 (asymptotic distribution of extremes) とよぶ．

c. 極値の漸近分布の分類

最大値の漸近分布の確率分布関数は，α を正のパラメーターとして，次の 3 つの確率分布関数のどれかと同型であることが数学的に証明されている．

$$G_1(t) = \exp\{-\exp(-t)\} \tag{2.32}$$

$$G_2(t) = \begin{cases} 0 & (t \leq 0) \\ \exp(-t^{-\alpha}) & (t > 0) \end{cases} \tag{2.33}$$

$$G_3(t) = \begin{cases} \exp(-(-t)^{\alpha}) & (t \leq 0) \\ 1 & (t > 0) \end{cases} \tag{2.34}$$

これらを順に，最大値の第 1 種漸近分布，最大値の第 2 種漸近分布，最大値の第 3 種漸近分布とよぶ．特に，式 (2.32) で与えられる第 1 種漸近分布をガンベル分布 (Gumbel distribution) とよぶ [*5]．

同様に，最小値の漸近分布は，α を正のパラメーターとして，次の 3 つの確率分布関数のどれかと同型であることが証明されている (β は正のパラメーター)．

$$H_1(t) = 1 - \exp\{-\exp(t)\} \tag{2.35}$$

$$H_2(t) = \begin{cases} 1 - \exp\{-(-t)^{-\beta}\} & (t \leq 0) \\ 1 & (t > 0) \end{cases} \tag{2.36}$$

$$H_3(t) = \begin{cases} 0 & (t \leq 0) \\ 1 - \exp(-t^{\beta}) & (t > 0) \end{cases} \tag{2.37}$$

これらを順に，最小値の第 1 種漸近分布，最小値の第 2 種漸近分布，最小値の第 3 種漸近分布とよぶ．特に，式 (2.37) で与えられる第 3 種漸近分布は，ワイ

[*5] 和書の中には，これを「グンベル分布」と表記してあるものもある．

ブル分布となっている点に注意しよう.

アイテムが複数の要素から構成されるシステムとなっていて，その各構成要素の中の1つでも故障した場合にアイテム全体の故障となってしまうような場合，アイテムの寿命の分布は最小値の分布を適用する場合が多い．特に，アイテムの中に含まれる構成要素の数が非常に多い場合は，極値分布を使うことにより寿命の分布をうまく説明できる場合が多い．ガラス繊維や炭素繊維を材料内に配置して，特定の方向の強度を格段に強化しているような材料（繊維強化複合材という）では，1本の繊維が破断すると周りの組織の破壊が連鎖的に起こることが多く，強度の確率分布に極値分布，特にワイブル分布を適用することが非常に多い．また，繊維強化複合材に限らず，セラミックスなど，強度が高い反面脆性の強い材料では，強度や寿命の分布にワイブル分布がよく用いられている．

例題 2.8 式 (2.32) で与えられる分布を，

$$F(t) = \exp\left\{-\exp\left(-\frac{t-\gamma}{\beta}\right)\right\} \tag{2.38}$$

のように一般化したものを，2パラメーターのガンベル分布とよぶ．あるいは，これを単にガンベル分布とよぶ場合も多い．図2.5は，$\gamma = 1.0$ に固定した上で，いくつかの β の値に対する，ガンベル分布の確率密度関数，すなわち式 (2.38) の導関数 $f(t) = dF(t)/dt$ をプロットしたものである．ガンベル分布は最大値の第1種漸近分布として得られるので，その確率密度関数は右裾野で長く尾を引く形状をしており，対数正規分布と形状が似ている．アイテムの寿命の確率分布がガンベル分布となる場合について，寿命の平均と分散を求めよ．ただし，ガンベル分布の分布域は $(-\infty, \infty)$ であるから，負の値を取る確率が十分小さく無視し得るように，パラメーター β と γ が選定されているものとする．

[解答] 寿命の確率密度関数は，式 (2.38) を微分することにより，

$$f(t) = \frac{dF(t)}{dt} = \frac{1}{\beta}\exp\left\{-\left(\frac{t-\gamma}{\beta}\right) - \exp\left(-\frac{t-\gamma}{\beta}\right)\right\}$$

となるので，i を虚数単位，ξ を実数として，ガンベル分布の特性関数 $C(\xi) \equiv \mathrm{E}\left\{\mathrm{e}^{\mathrm{i}\xi T}\right\}$ は次式の積分から算出される．

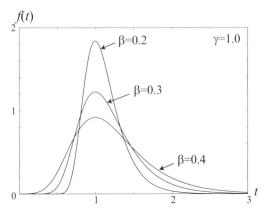

図 2.5 いくつかの β に対する，式 (2.38) で与えられるガンベル分布の確率密度関数

$$C(\xi) = \int_{-\infty}^{\infty} e^{i\xi t} f(t) dt$$
$$= \frac{1}{\beta} \int_{-\infty}^{\infty} e^{i\xi t} \exp\left\{-\left(\frac{t-\gamma}{\beta}\right) - \exp\left(-\frac{t-\gamma}{\beta}\right)\right\} dt$$

ここで，$y = \exp\left(-\frac{t-\gamma}{\beta}\right)$ により積分変数を y に変換すると，

$$C(\xi) = \int_0^{\infty} e^{i\xi(-\beta \log y + \gamma)} e^{-y} dy$$
$$= e^{i\gamma\xi} \int_0^{\infty} y^{-i\beta\xi} e^{-y} dy = e^{i\gamma\xi} \Gamma(1 - i\beta\xi)$$

が得られる．ここで，Γ は付録 A.1 の式 (A.1) で定義されるガンマ関数である．これより，$\xi = 0$ での微係数を計算すると，

$$C'(0) = i\gamma\Gamma(1) - i\beta\Gamma'(1)$$
$$C''(0) = -\gamma^2\Gamma(1) + 2\beta\gamma\Gamma'(1) - \beta^2\Gamma''(1)$$

となるので，付録 A.1 の式 (A.10) および式 (A.12) を用いることにより，

$$C'(0) = i(\gamma + \beta\gamma_E), \quad C''(0) = -(\gamma + \beta\gamma_E)^2 - \frac{1}{6}\pi\beta^2$$

が得られる．したがって，寿命 T の 1 次および 2 次のモーメントは

$$E\{T\} = \frac{1}{i} C'(0) = \gamma + \beta\gamma_E$$
$$E\{T^2\} = \frac{1}{i^2} C''(0) = (\gamma + \beta\gamma_E)^2 + \frac{1}{6}\pi\beta^2$$

で与えられる．ここで γ_E はオイラーの定数で，$\gamma_E \simeq 0.577$ である．これより，寿命の期待値および分散は次式となる．

$$\mathrm{E}\{T\} = \gamma + \beta\gamma_E, \quad \mathrm{Var}\{T\} = \frac{1}{6}\pi\beta^2 \tag{2.39}$$

□

d. 極値の漸近分布と原分布の関係

極値の漸近分布が，第1種から第3種の3種類の分布のどれと同型となるかは，原分布の確率分布関数 $F_0(t)$ がどのような性質を有しているかによって決まり，その条件が数学的に示されている．ここでは，アイテムの寿命を考える上で重要となる，最小値の漸近分布についてその概要を紹介しておく．

原分布の確率分布関数 $F_0(t)$ が $t \leq t_L$ でゼロとなっているものとする．この t_L は分布下限などとよばれるが，ここでは $t_L = -\infty$ でも構わないものとしておく．このとき，$F_0(t)$ が2階微分可能であれば，

$$\lim_{t \to t_L} \frac{F_0''(t)F_0(t)}{\{F_0'(t)\}^2} = 1$$

が成立するとき，$F_0(t)$ が与える原分布から得られる最小値の漸近分布は第1種となる．上式の条件は，原分布の確率分布関数が分布下限の近くで指数関数的にゼロに収束している場合に相当するもので，この条件を満たす原分布としては，正規分布，対数正規分布，ガンベル分布などがある．対数正規分布のように下限がある場合（$t_L = 0$）であっても，最小値の漸近分布は分布域が $(-\infty, \infty)$ である第1種になる点には注意が必要である．

次に，原分布の確率分布関数が1階微分可能で，分布の下限値 t_L が有限の値で存在する場合，

$$\lim_{t \to t_L} \frac{(t - t_L)F_0'(t)}{F_0(t)} = 正の定数$$

が成立するならば，得られる最小値の漸近分布は第3種となる．この条件は，原分布の確率分布関数が分布下限の近くでべき関数の形でゼロに収束している場合に相当するもので，一様分布やワイブル分布がこの条件を満たしている．

最小値の漸近分布によりアイテムの寿命の確率分布を記述する場合に，分布に下限が存在するのが第3種のワイブル分布に限られることを理由に，分布形をワイブル分布に限定してしまうということがよく行われるが，上述のように，

原分布が分布下限ゼロを持つ対数正規分布であっても，最小値の漸近分布は第3種にはならないので，この点は注意が必要である．

2.2.6　その他の主な寿命分布
a.　ポアソン分布

アイテムの寿命 T が非負の整数値を取る離散確率変数で記述されるものとする．T の確率分布が，λ を正の定数として，

$$P(T=n) = \frac{\lambda^n}{n!}\exp(-\lambda) \quad (n=0,1,2,\cdots) \tag{2.40}$$

となるとき，この分布をパラメーターが λ のポアソン分布 (Poisson distribution) という．寿命がポアソン分布に従うとき，その平均と分散は次のようになる．

$$\mathrm{E}\{T\} = \lambda, \quad \mathrm{Var}\{T\} = \lambda \tag{2.41}$$

ポアソン分布は，離散時間変数でのアイテムの寿命分布に用いられることの他に，稀に発生する事がらの発生回数の従う確率分布となることが数学的に証明されている（ポアソンの少数法則とよばれる）．このため，非常に稀に発生する不測の事態に対する信頼性の評価，例えば，大規模な地震動に対する構造物や都市システムの信頼性評価において，よく用いられる．

例題 2.9　T_1 がパラメーター λ_1 のポアソン分布に従い，T_2 がパラメーター λ_2 のポアソン分布に従い，かつ両者は独立である場合，その和である $T=T_1+T_2$ はパラメーターが $\lambda_1+\lambda_2$ のポアソン分布に従うことを示せ．

[解答]　全確率の公式を用いると

$$P(T=n) = \sum_{m=0}^{n} P(T_1+T_2=n|T_2=m)P(T_2=m)$$

となるが，T_1 と T_2 が独立であることにより，$P(T_1+T_2=n|T_2=m) = P(T_1=n-m)$ が成立するので，

$$P(T=n) = \sum_{m=0}^{n} \frac{\lambda_1^{n-m}}{(n-m)!}e^{-\lambda_1}\frac{\lambda^m}{m!}e^{-\lambda}$$

$$= e^{-(\lambda_1+\lambda_2)}\frac{1}{n!}\sum_{m=0}^{n}\frac{n!}{(n-m)!m!}\lambda_1^{n-m}\lambda_2^m$$

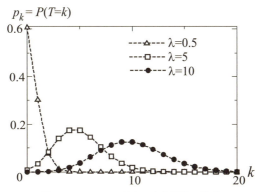

図 2.6 ポアソン分布の確率関数の挙動

$$= e^{-(\lambda_1+\lambda_2)} \frac{(\lambda_1+\lambda_2)^n}{n!} \quad (2\text{項定理を適用})$$

となり,T はパラメーターが $\lambda_1 + \lambda_2$ のポアソン分布に従うことがわかる.

□

例題 2.9 は,ポアソン分布についても正規分布と同じように再生性が成立することを示している.また,ポアソン分布のパラメーター λ が大きくなるにつれて,ポアソン分布の分布形状は正規分布でよく近似し得ることが知られている.図 2.6 は,ポアソン分布の確率分布を折れ線グラフで描いたものである.

b. 幾 何 分 布

アイテムの寿命 T が非負の整数値を取る離散確率変数で記述されるものとする.T の確率分布が,q を $0 < q < 1$ を満たす定数として,

$$P(T=n) = (1-q)q^n \quad (n=0,1,2,\cdots) \tag{2.42}$$

となるとき,**幾何分布** (geometric distribution) という.幾何分布は指数分布の離散版と考えることができるので,指数分布について成立する主な性質は幾何分布においても成立する(演習問題 2.4 参照).

演 習 問 題

問題 2.1 あるアイテムの故障率関数 $h(t)$ が,t_1, h_1, h_2 を正の定数として,

$$h(t) = \begin{cases} h_1 & (0 \leq t \leq t_1) \\ h_2 & (t_1 < t) \end{cases}$$

であるものとする．以下の問に答えよ．

1) このアイテムの MTTF を求めよ．
2) このアイテムの MTTF が，故障率が h_1 で一定のアイテムの MTTF の 2 倍以上となるために，t_1 が満たさなければならない条件を求めよ．ただし，$h_1 > 2h_2$ であるものとする．

問題 2.2 新品の状態から使用を始めて，アイテムの信頼度が r_c $(0 < r_c < 1)$ となった時刻に点検を行うものとする．以下の問に答えよ．

1) アイテム A が，形状パラメーターが α，尺度パラメーターが β の 2 パラメーターのワイブル分布に従う場合，点検を行う時刻 t_A を求めよ．
2) アイテム B がパラメーター λ の指数分布に従うとき，アイテム B の点検時刻が t_A に一致するような λ を求めよ．

問題 2.3 a を正の定数とするとき，次の積分公式が成立する．

$$\int_{-\infty}^{\infty} e^{-ax^2} dx = \sqrt{\frac{\pi}{a}}$$

これをガウスの積分公式という．この公式を利用して，正規分布に関して式 (2.21) を示せ．

問題 2.4 アイテムの寿命 T が非負の整数値を取り，式 (2.42) で与えられる幾何分布に従うものとする．以下の問に答えよ．

1) MTTF，寿命の分散 $\mathrm{Var}\{T\}$ を求めよ．
2) このアイテムは無記憶性を有することを示せ．

問題 2.5 ポアソン分布について，式 (2.41) を導出せよ．

問題 2.6 n 個の独立な確率変数 $T_1, \cdots, T_n$ がすべて同じ分布に従い，その確率分布関数が $F_0(t)$ であるものとする．式 (2.30) で与えられるこれらの最大値の確率分布関数が，もとの確率分布関数 $F_0(t)$ と同形となるとき，$F_0(t)$ は**最大安定** (max-stable) であるといい，式 (2.31) で与えられるこれらの最小値の確

率分布関数が，もとの確率分布関数 $F_0(t)$ と同形となるとき，$F_0(t)$ は**最小安定** (mini-stable) であるという．

1) 2パラメーターのワイブル分布は最小安定であることを示せ．
2) 2パラメーターのガンベル分布は最大安定であることを示せ．

CHAPTER 3 信頼性特性値の推定と検定

3.1 確率紙を用いた故障時間分布の推定法

　信頼性に関する特性量（信頼度，故障率，MTBF など）を具体的に求めるには，対象とするアイテムの故障に関するデータを収集する必要がある．実機について実稼働下での故障のデータを収集する場合もあれば，信頼性試験（試験的にアイテムを稼働させて故障データを収集する）によってデータを得る場合もある．これらのデータの使用法は，信頼性特性量を決定することと，得られている信頼性特性量が適切かどうかを検証すること，の2つに大別することができる．信頼性工学は，アイテムの故障現象が確率的現象であるという前提に立っているので，データに基づく特性量の決定のプロセスは，**統計的推定** (statistical estimation) とよばれる手法を活用する必要があり，同様に検証のプロセスは，**統計的検定** (statistical test) とよばれる手法を活用する必要がある．

　対象とするアイテムの寿命を T とし，その寿命分布関数を $F(t)$ とする．この $F(t)$ の関数形が未知で，これを信頼性データから決定（推定）することを考える．このアイテムの寿命に関して得られているデータを $t_1, t_2, \cdots, t_n$ とし，これらは

$$t_1 \leq t_2 \leq \cdots \leq t_n$$

と大きさの順に番号付けがなされているものとする．また，各寿命データは独立に得られているものとする．t_k ($k = 1, 2, \cdots, n$) は**順序統計量** (order statistics) とよばれる．各寿命データが，どれも同じように確からしく抽出されたと判断できるならば，$F(t_1) = 1/n$, $F(t_2) = 2/n$, $\cdots$ と推定してよいように思

われるかもしれない.しかし,$t_1, t_2, \cdots, t_n$ は母集団の中から抽出されたサンプルの1つに過ぎないため,統計学を用いて推定する必要がある.

寿命分布関数 $F(t)$ を用いて,寿命 T から $Z = F(T)$ により新たな確率変数 Z を定義すると,$F(t)$ が単調増加であると仮定できる場合は,

$$P(Z \leq z) = P(F(T) \leq z) = P(T \leq F^{-1}(z))$$
$$= F(F^{-1}(z)) = z \quad (0 \leq z \leq 1)$$

が成立することがわかる.すなわち,Z は区間 $[0,1]$ 上の一様分布に従う確率変数になる.このことから,確率分布関数 $F(t)$ を用いて寿命データ t_k $(k = 1, 2, \cdots, n)$ を,

$$z_k = F(t_k) \quad (k = 1, 2, \cdots, n) \tag{3.1}$$

と変換すると,$z_1, z_2, \cdots, z_n$ は,区間 $[0,1]$ 上の一様分布に従い,かつ,もとの寿命データを昇順に番号付けをしていることと $F(t)$ の単調性から,$z_1 \leq z_2 \leq \cdots \leq z_n$ が成立することになる.すなわち,$z_1, z_2, \cdots, z_n$ は,$[0,1]$ 上の一様分布に従う順序統計量となる.したがって,付録 A.2 の式 (A.18) により,z_k の確率密度関数は次式となる.

$$f_{z_k}(z) = \frac{n!}{(k-1)!(n-k)!} z^{k-1}(1-z)^{n-k} \quad (0 \leq z \leq 1) \tag{3.2}$$

z_k の平均は,次のようにベータ関数(付録 A.1 の式 (A.13))を用いて表すことができる.

$$\mathrm{E}\{z_k\} = \frac{n!}{(k-1)!(n-k)!} \int_0^1 z \cdot z^{k-1}(1-z)^{n-k} dz$$
$$= \frac{n!}{(k-1)!(n-k)!} B(k+1, n-k+1)$$

さらに,ベータ関数とガンマ関数と変換関係を与える付録 A.1 の式 (A.15) を用いると,z_k の期待値は次式で与えられることがわかる.

$$\mathrm{E}\{z_k\} = \frac{k}{n+1} \quad (k = 1, 2, \cdots, n) \tag{3.3}$$

$F(t_k)$ に対する推定値($\widehat{F}(t_k)$ と表す)を,z_k の平均値で与えるとき,すなわち,

$$\widehat{F}(t_k) = \frac{k}{n+1} \quad (k = 1, 2, \cdots, n) \tag{3.4}$$

とするとき，ミーンランク法 (mean rank method) という．$\widehat{F}(t_k)$ を，z_k の分布の中央値（メジアン）とするとき，すなわち，

$$\int_0^{\widehat{F}(t_k)} f_{z_k}(z)dz = \frac{1}{2} \quad (k = 1, 2, \cdots, n) \tag{3.5}$$

を満たすように取るとき，メジアンランク法 (median rank method) という．一般に，$n > 20$ ではミーンランク法とメジアンランク法での推定値の差は小さくなることが知られている．

ミーンランク法あるいはメジアンランク法などを用いて，$F(t_k)$ に対する推定値 z_k が得られたとする ($k = 1, 2, \cdots, n$)．この結果を用いて，$F(t)$ を決定する手段として考えられるのが，**最小 2 乗回帰**である．すなわち，

$$\mathcal{E} = \sum_{k=1}^n |z_k - F(t_k)|^2 \tag{3.6}$$

により 2 乗誤差の総和を作り，これが最も小さくなるように $F(t)$ の関数形を決める方法である．$F(t)$ は線形関数とはならないため，この最小化問題の解を解析的な形で得るのは難しい．そこで，$F(t)$ を非線形変換してから，線形回帰を適用するという手段が取られている．この非線形変換は分布形により異なってくるので，主な寿命分布について変換方法を具体的に示しておく．なお，線形回帰についての詳細は付録 A.3 にまとめてある．

3.1.1　正規分布の場合

寿命が $N(m, \sigma^2)$ に従う場合は，寿命分布関数が式 (2.23) で与えられるので，式 (3.1) の両辺を，標準正規分布関数 Φ の逆関数 Φ^{-1} で変換すると，

$$\Phi^{-1}(z_k) = \frac{t_k - m}{\sigma}$$

という，$\Phi^{-1}(z_k)$ と t_k との間の線形の関係式が得られる．したがって，付録 A.3 で述べる説明変数 x，目的変数 y のデータを

$$x_k = t_k \; (k = 1, \cdots, n), \quad y_k = \Phi^{-1}(z_k) \quad (k = 1, \cdots, n) \tag{3.7}$$

により生成し，付録 A.3 での 2 つのパラメーター a_1 と a_2 を

$$\frac{1}{\sigma} = a_1, \quad -\frac{m}{\sigma} = a_2 \tag{3.8}$$

により対応付ければよい．a_1 と a_2 に対する推定値は，付録 A.3 の式 (A.21) で与えられることから，式 (3.8) を通じて m と σ の推定値が得られる．

3.1.2 対数正規分布の場合

寿命が $\mathrm{LN}(m_L, \sigma_L^2)$ に従う場合は，例題 2.7 の 2) により，
$$F(t) = \Phi\left(\frac{\log t - m_L}{\sigma_L}\right)$$
となる．正規分布の場合と同じように標準正規分布関数 Φ の逆関数 Φ^{-1} で変換すると，
$$\Phi^{-1}(z_k) = \frac{1}{\sigma_L}\log t_k - \frac{m_L}{\sigma_L}$$
という，$\Phi^{-1}(z_k)$ と $\log t_k$ との間の線形の関係式が得られるので，説明変数 x，目的変数 y のデータを
$$x_k = \log t_k \ (k=1,\cdots,n), \quad y_k = \Phi^{-1}(z_k) \ (k=1,\cdots,n) \tag{3.9}$$
により生成し，付録 A.3 での 2 つのパラメーター a_1 と a_2 を
$$\frac{1}{\sigma_L} = a_1, \quad -\frac{m_L}{\sigma_L} = a_2 \tag{3.10}$$
により対応付ければよい．

3.1.3 2 パラメーターのワイブル分布の場合

寿命が形状パラメーター α，尺度パラメーター β の 2 パラメーターのワイブル分布に従う場合，式 (2.15) の両辺の対数を 2 回取ることにより，
$$\log\{-\log(1-z_k)\} = \alpha(\log t_k - \log \beta)$$
という，$\log\{-\log(1-z_k)\}$ と $\log t_k$ との間の線形の関係式が得られるので，説明変数 x，目的変数 y のデータを
$$x_k = \log t_k \ (k=1,\cdots,n), \quad y_k = \log\{-\log(1-z_k)\} \ (k=1,\cdots,n) \tag{3.11}$$
により生成し，付録 A.3 での 2 つのパラメーター a_1 と a_2 を
$$\alpha = a_1, \quad -\alpha\log\beta = a_2 \tag{3.12}$$
により対応付ければよい．

3.1.4 2パラメーターのガンベル分布の場合

例題 2.8 の式 (2.38) で与えられる 2 パラメーターのガンベル分布の場合, 式 (2.38) の両辺の対数を 2 回取ることにより,

$$-\log\{-\log z_k\} = \frac{1}{\beta}t_k - \frac{\gamma}{\beta}$$

という $-\log\{-\log z_k\}$ と t_k との間の線形の関係式が得られるので, 説明変数 x, 目的変数 y のデータを

$$x_k = t_k \ (k=1,\cdots,n), \quad y_k = -\log\{-\log z_k\} \ (k=1,\cdots,n) \quad (3.13)$$

により生成し, 付録 A.3 での 2 つのパラメーター a_1 と a_2 を

$$\frac{1}{\beta} = a_1, \quad \frac{\gamma}{\beta} = -a_2 \quad (3.14)$$

により対応付ければよい.

以上の作業を, z_k に対する非線形変換を直接行わずに, 紙の上で手作業で行えるように, 縦軸をあらかじめ変換した特殊な方眼紙が広く市販されていた. これを**確率紙**とよんでいる. 正規分布の回帰が行えるように縦軸を変換したものを**正規確率紙**, 正規確率紙の横軸を対数目盛にして, 対数正規分布の回帰が行えるようにしたものを**対数正規確率紙**, ワイブル分布の回帰が行えるように縦軸を変換したものを**ワイブル確率紙**という. なお, 対数正規確率紙およびワイブル確率紙では横軸にはデータの対数を表示する必要があるが, 通常確率紙では常用対数による表示がなされる. 現在ではこれらの作業をコンピューター上で行えるようなソフトが利用されている[50)].

例題 3.1 あるアイテム 30 個について稼働試験を行い, 故障に至るまでの寿命を測定したところ, 次のようなデータが得られた (単位は [hours]).

　　　1492, 1777, 1991, 2050, 2119, 2130, 2269, 2325, 2380, 2514
　　　2593, 2620, 2678, 2978, 3036, 3220, 3260, 3281, 3380, 3535
　　　3607, 3610, 3680, 3701, 4236, 4483, 4580, 4772, 5340, 6555

このデータに対してミーンランク法を適用し, 確率紙を用いて分布形を推定せよ.
[解答]　　図 3.1 および図 3.2 に, 各確率紙でのプロットの結果を示す. これらの線形回帰の結果から得られる推定値は次の通りとなる.

3.1 確率紙を用いた故障時間分布の推定法

分布形	各パラメーターの推定値
正規分布	$\hat{m} = 3206.4$ [hours], $\hat{\sigma} = 1290.0$ [hours]
対数正規分布	$\hat{m}_L = 8.015$, $\hat{\sigma} = 0.3766$
ワイブル分布	$\hat{\alpha} = 3.20$, $\hat{\beta} = 3578.6$ [hours]
ガンベル分布	$\hat{\gamma} = 2661.4$ [hours], $\hat{\beta} = 1016.3$ [hours]

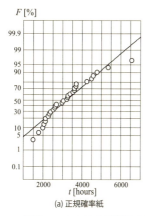 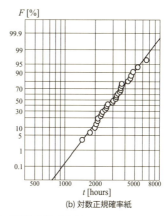

図 3.1 例題 3.1 における正規確率紙および対数正規確率紙によるフィッティング

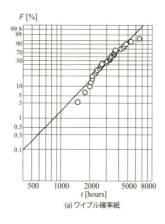 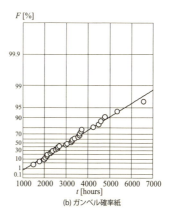

図 3.2 例題 3.1 におけるワイブル確率紙およびガンベル確率紙によるフィッティング

図 3.1 および図 3.2 から判断すると，4 種の確率分布の中で最も直線フィットがよいのは対数正規分布であると考えられる．

□

3.2 最尤推定法

対象とするアイテムの寿命分布に関して，何らかの情報により，あるいは，何らかの理論的な考察により，分布の形状は判明しているものとする．故障の形態から，無記憶性があると考えられるので，指数分布となると考えられる場合，あるいは，アイテムの構成要素の中の最も短い寿命を持つ要素でアイテムの寿命が決まるので，極値分布の適用が妥当であり，ワイブル分布となると考えられる場合，などがその典型的な例である．

分布の形状が定まったとしても，その分布中のパラメーターを決定しなければ寿命の確率分布は確定しない．例えば，指数分布では λ，ワイブル分布では形状パラメーターと尺度パラメーター，などの未知パラメーターを決定しなければならない．これらの未知のパラメーターを決定するために，有限個の寿命データが採取されているものとする．

求めたい寿命分布関数を $F(t)$ とし，これは微分可能であるとして寿命関数を $f(t)(=F'(t))$ とおく．この関数形は既知であるが，含まれるパラメーターが未知で，これを採取されたデータから推定するのがここでの目的である．寿命密度関数 $f(t)$ が未知のパラメーターを m 個含んでいるとして，それを $\xi_1, \xi_2, \cdots, \xi_m$ とする．寿命密度関数を，これらのパラメーターを明示するために，$f(t;\xi)$（ただし，$\xi = (\xi_1, \cdots, \xi_m)$ とまとめて表記）と表すことにする．寿命のデータが $t_1, t_2, \cdots, t_n$ と n 個得られているとすると，寿命が微小区間 $(t, t+\Delta t]$ 間の値を取る確率が $f(t;\xi)\Delta t$ であるので，互いに独立にデータが得られていることから，上述の m 個の値を得られる同時確率は

$$f(t_1;\xi)\Delta t_1 \times f(t_2;\xi)\Delta t_2 \times \cdots \times f(t_n;\xi)\Delta t_n \tag{3.15}$$

この値は，「寿命データのセット $t_1, \cdots, t_n$ が観測される確率」と解釈できるので，これが最も大きくなるようにパラメーター ξ を選べば，「最も尤もらしい」結果が得られたことになる．この原理で未知パラメーターを決定する方法を最尤推定法 (maximum likelihood estimation) という．

3.2 最尤推定法

$f(t;\xi)$ がパラメーター $\xi = (\xi_1, \cdots, \xi_m)$ の関数としても微分可能であると仮定できるものとすると, 式 (3.15) が最大となるための必要条件は,

$$\frac{\partial}{\partial \xi_j} \{f(t_1;\xi)\Delta t_1 \cdot f(t_2;\xi)\Delta t_2 \cdot \cdots \cdot f(t_n;\xi)\Delta t_n\} = 0 \quad (j = 1, 2, \cdots, m)$$

が成立することである. Δt_i $(i = 1, 2, \cdots, n)$ は ξ に依らずに設定されるものであるから, 式 (3.15) が最大となるための必要条件は次のようにまとめられる.

$$\frac{\partial \ell}{\partial \xi_j} = 0 \quad (j = 1, 2, \cdots, m) \tag{3.16}$$

$$\ell = \prod_{i=1}^{n} f(t_i;\xi) = f(t_1;\xi) \cdot f(t_2;\xi) \cdot \cdots \cdot f(t_n;\xi) \tag{3.17}$$

式 (3.16) で定義される ℓ を**尤度関数** (likelihood function) とよび, 式 (3.16) を**尤度方程式** (likelihood equation) とよぶ.

尤度関数は積の形となっているため, 尤度方程式における微分計算は対数微分を用いた方が計算は一般に楽になる. そのため,

$$L = \log \ell = \sum_{i=1}^{n} \log\{f(t_i;\xi)\} \tag{3.18}$$

を用いることが多い (対数は自然対数). これを**対数尤度関数** (logarithmic likelihood function) とよぶ. 対数関数は単調増加関数であることから, ℓ を最大化することと $L = \log \ell$ を最大化することは同値となる. したがって, 尤度方程式は,

$$\frac{\partial L}{\partial \xi_j} = 0 \quad (j = 1, 2, \cdots, m) \tag{3.19}$$

に置き換えることができる. 式 (3.19) の解を $\hat{\xi} = (\hat{\xi}_1, \hat{\xi}_2, \cdots, \hat{\xi}_m)$ と表し, パラメーター ξ に対する**最尤推定量** (maximum likelihood estimator) とよぶ[*1].

なお, 尤度方程式の解は尤度関数の最大化のための必要条件を与えているに過ぎないので, 式 (3.19) の解は必ずしも尤度関数の最大値を与えるような ξ になるとは限らない. また, 尤度方程式の解はただ 1 つに決まるとは限らないので, 式 (3.19) が複数の解を持つ場合は, 得られた解が尤度関数を最大化するかどうかについて, 何らかの別の情報を援用して判断する必要がある.

[*1] 未知パラメーターを観測データの関数として表現したものを推定量とよび, 観測データに具体的な値を代入して数値化したものを推定値とよんで区別する.

例題 3.2 あるアイテムの寿命 T がパラメーター λ の指数分布に従うものとする．このアイテムについて故障に至るまでの稼働試験を独立に n 回行い，その結果得られた寿命が $t_1, t_2, \cdots, t_n$ であるとき，最尤推定法により指数分布のパラメーター λ に対する最尤推定量 $\hat{\lambda}$ を決定せよ．

[解答] 式 (2.13) で与えられる指数分布の確率密度関数を式 (3.18) に代入すると，対数尤度関数は次式となる．

$$L = \sum_{i=1}^{n} \log\left(\lambda e^{-\lambda t_i}\right) = n \log \lambda - \lambda \sum_{i=1}^{n} t_i$$

これを λ で微分することにより，尤度方程式は

$$\frac{\partial L}{\partial \lambda} = \frac{n}{\lambda} - \sum_{i=1}^{n} t_i = 0$$

となるので，これより，パラメーター λ に対する最尤推定量は次式となる．

$$\hat{\lambda} = \frac{1}{\bar{S}_t} \quad \bar{S}_t = \frac{1}{n} \sum_{i=1}^{n} t_i \tag{3.20}$$

□

例題 3.3 あるアイテムの寿命 T が，平均 m，標準偏差 σ の正規分布に従うものとする．このアイテムについて故障に至るまでの稼働試験を独立に n 回行い，その結果得られた寿命が $t_1, t_2, \cdots, t_n$ であるとき，最尤推定法によりパラメーター m，σ に対する最尤推定量 $\hat{m}$，$\hat{\sigma}$ を決定せよ．

[解答] 式 (2.20) で与えられる正規分布の確率密度関数を式 (3.18) に代入すると，対数尤度関数は次式となる．

$$L = \sum_{i=1}^{n} \log \left[\frac{1}{\sqrt{2\pi\sigma^2}} \exp\left\{ -\frac{(t_i - m)^2}{2\sigma^2} \right\} \right]$$

$$= -\frac{n}{2} \log(2\pi) - \frac{n}{2} \log \sigma^2 - \sum_{i=1}^{n} \frac{(t_i - m)^2}{2\sigma^2}$$

これより，尤度方程式は

$$\frac{\partial L}{\partial m} = -\frac{1}{2\sigma^2} \sum_{i=1}^{n} (-2)(t_i - m) = 0$$

$$\frac{\partial L}{\partial(\sigma^2)} = -\frac{n}{2\sigma^2} - \frac{1}{2}\left(-\frac{1}{\sigma^2}\right)\sum_{i=1}^{n}(t_i - m)^2 = 0$$

となるので，この連立方程式を解くことにより，m, σ の最尤推定量 $\hat{m}$, $\hat{\sigma}^2$ が次のように得られる．

$$\hat{m} = \frac{1}{n}\sum_{i=1}^{n}t_i, \quad \hat{\sigma}^2 = \frac{1}{n}\sum_{i=1}^{n}(t_i - \hat{m})^2 \tag{3.21}$$

□

例題 3.4 あるアイテムの寿命 T が，形状パラメーター α, 尺度パラメーター β の 2 パラメーターのワイブル分布に従うものとする．このアイテムについて故障に至るまでの稼働試験を独立に n 回行い，その結果得られた寿命が $t_1, t_2, \cdots, t_n$ であるとき，最尤推定法によりパラメーター α, β に対する最尤推定量 $\hat{\alpha}$, $\hat{\beta}$ を決定せよ．

[解答] 式 (2.16) より，対数尤度関数は

$$\begin{aligned}L &= \sum_{i=1}^{n}\log\left[\frac{\alpha}{\beta}\left(\frac{t_i}{\beta}\right)^{\alpha-1}\exp\left\{-\left(\frac{t_i}{\beta}\right)^{\alpha}\right\}\right]\\&= n(\log\alpha - \log\beta) + (\alpha-1)\sum_{i=1}^{n}\log t_i - n(\alpha-1)\log\beta - \frac{1}{\beta^{\alpha}}\sum_{i=1}^{n}t_i^{\alpha}\end{aligned}$$

となるので，

$$\frac{\partial L}{\partial \alpha} = \frac{n}{\alpha} + \sum_{i=1}^{n}\log t_i - n\log\beta + \beta^{-\alpha}\log\beta\sum_{i=1}^{n}t_i^{\alpha} - \beta^{-\alpha}\sum_{i=1}^{n}t_i^{\alpha}\log t_i = 0$$

$$\frac{\partial L}{\partial \beta} = -\frac{n\alpha}{\beta} + \alpha\beta^{-\alpha-1}\sum_{i=1}^{n}t_i^{\alpha} = 0$$

を連立させて解けばよい．第 2 式より，

$$\beta = \left(\frac{1}{n}\sum_{i=1}^{n}t_i^{\alpha}\right)^{1/\alpha}$$

が得られるので，これを第 1 式に代入して整理することにより，

$$\frac{1}{\alpha} + \frac{1}{n}\sum_{i=1}^{n}\log t_i - \frac{\displaystyle\sum_{i=1}^{n}t_i^{\alpha}\log t_i}{\displaystyle\sum_{i=1}^{n}t_i^{\alpha}} = 0$$

が得られる．この方程式を数値的に解いて得られる解が α に対する最尤推定値 $\hat{\alpha}$ であり，β に対する最尤推定値は $\hat{\alpha}$ を用いて，

$$\hat{\beta} = \left(\frac{1}{n} \sum_{i=1}^{n} t_i^{\hat{\alpha}} \right)^{1/\hat{\alpha}}$$

となる． □

例題 3.5 あるアイテムの寿命が，式 (2.38) で与えられる 2 パラメーターのガンベル分布に従うものとする．このアイテムについて故障に至るまでの稼働試験を独立に n 回行い，その結果得られた寿命が $t_1, t_2, \cdots, t_n$ であるとき，最尤推定法によりパラメーター β, γ に対する最尤推定量 $\hat{\beta}, \hat{\gamma}$ を決定せよ．

[解答] 式 (2.38) より，対数尤度関数は

$$L = \sum_{i=1}^{n} \log \left[\frac{1}{\beta} \exp \left\{ -\frac{t_i - \gamma}{\beta} - \exp\left(-\frac{t_i - \gamma}{\beta}\right) \right\} \right]$$
$$= -n \log \beta - \sum_{i=1}^{n} \frac{t_i - \gamma}{\beta} - \sum_{i=1}^{n} \exp\left(-\frac{t_i - \gamma}{\beta}\right)$$

となるので，

$$\frac{\partial L}{\partial \beta} = -\frac{n}{\beta} - \frac{1}{\beta^2} \sum_{i=1}^{n} (t_i - \gamma) + \frac{1}{\beta^2} \sum_{i=1}^{n} (t_i - \gamma) \exp\left(-\frac{t_i - \gamma}{\beta}\right) = 0$$

$$\frac{\partial L}{\partial \gamma} = -\frac{n}{\beta} + \frac{1}{\beta} \sum_{i=1}^{n} \exp\left(-\frac{t_i - \gamma}{\beta}\right) = 0$$

を連立させて解けばよい． □

例題 3.6 例題 3.1 の寿命データに対して，4 種の確率分布で最尤推定法によりパラメーターを推定し，寿命の平均および分散について，例題 3.1 の結果と比較せよ．

[解答] 対数正規分布については，寿命データの対数を取ってから正規分布の結果をそのまま適用する．ワイブル分布とガンベル分布については，最尤方程式の解を数値的に求める．得られた結果を，例題 3.1 の結果と比較して以下の表に示す．

分布形	パラメーター	ミーンランク法	最尤推定法
正規分布	m	3206.4 [hours]	3206.4 [hours]
	σ	1290.0 [hours]	1123.5 [hours]
対数正規分布	m_L	8.015	8.015
	σ_L	0.3766	0.3379
ワイブル分布	α	3.20	2.98
	β	3578.6 [hours]	3590.3 [hours]
ガンベル分布	β	1016.3 [hours]	864.2 [hours]
	γ	2661.4 [hours]	2697.4 [hours]

□

3.3 推定された分布の適合度検定

3.3.1 統計的検定の基本的な考え方

検証したい結論を，数学的に真偽の判定のつく命題の形で表現し得るものとし，この命題を H_1 と表す．統計的検定においては，H_1 を直接検証するのではなく，これを否定した命題 H_0 を扱うというアプローチを取ることが多い．すなわち，H_1 の妥当性を直接示すのではなく，H_0 の妥当性を否定することによって H_1 の妥当性を間接的に示すという手法を用いる．このため，目標となる結論を否定した命題 H_0 を帰無仮説 (null hypothesis) とよぶ．これに対して，検証したい目標となる結論 H_1 を対立仮説 (alternative hypothesis) とよぶ．一般に，真の判定を下すには，あらゆる可能性を想定した上で，真となることの証明を与える必要があるのに対して，偽の判定を下すには，反例を1つ示すだけでよく，多くの場合後者の方が容易であることからこのような手順が取られている．

母集団から抽出された限られた数のデータからこれらの仮説の成立を判断するため，仮説の妥当性の成否は確率により数量化しなければならない．帰無仮説 H_0 が妥当であると考えることのできる確率が α 以下となるとき，H_0 は危険率 (significance level) α で棄却 (reject) されるという．危険率 α は有意水準ともよばれ，当然小さい値に抑える必要がある．慣例上，有意水準 α としては 0.05 (5%)，あるいは 0.01 (1%) が使われるケースが多い[*2]．帰無仮説が棄

[*2] 統計的推定や統計的検定などで用いられる危険率として，5% あるいは 1% がが多く用いられ

却されることをもって，検証したい結論（つまり対立仮説 H_1）が「妥当」であったと結論付けられる．逆に，$1-\alpha$ はこの検定の信頼水準 (confidence level) とよばれる．

　帰無仮説 H_0 が危険率 α で棄却できないということは，対立仮説 H_1 が成立する確率が $1-\alpha$ 以下であることが示されたに過ぎない．危険率 α は一般に小さな値に設定するから，この結果だけでは，対立仮説 H_1 が成立する確率が大きいとも小さいとも判定できない．したがって，検証したい結論については妥当であるかどうかは判定できないことになる．このとき，帰無仮説 H_0 が成立する確率が「小さくはない」ということが示されたということを強調するために，「帰無仮説 H_0 は消極的に採択された」という表現を用いることもある．

　統計的検定に際して発生する誤った判断については，帰無仮説が正しいにもかかわらず棄却してしまう誤りと，対立仮説が正しいにもかかわらず帰無仮説を採択してしまう誤りがあり，前者を**第一種の誤り** (type I error) とよび，後者を**第二種の誤り** (type II error) とよぶ．限られたデータという制約の下では，それぞれの誤りが生起する確率を同時に小さくすることはできない．通常，リスクを抑制するという考えからは，第一種の誤りの可能性を抑える必要があるので，生起確率に上限を設定している．これが有意水準 α である．

3.3.2　寿命分布の適合度検定

　対象とするアイテムについて，あるロットを対象に行った信頼性試験の結果から，アイテムの寿命分布関数 $F(t)$ が得られているものとする．一方，このアイテムについて，製造時期が異なる別のロットを抽出し，それに対する信頼性試験によって，n 個の寿命データ $T_1, T_2, \cdots, T_n$ が得られているものとする．後者のデータの分布が，先に得られている確率分布関数とは有意な差があるならば，ロットの特性が製造時期の影響を受けている可能性がある．こういった差が認められるかどうかを検定するということを考えよう．この目的に沿って，

るのは，数値計算を行う計算機が普及していなかった時代には数表を主に用いていたことに由来している．さまざまな危険率の数値について数表を作成していれば膨大な量になってしまうため，よく用いられる値に限定されていたからである．現在は計算機が普及しているため，これらの数値以外の危険率を設定して数値的に必要となる量を求めることも可能である．

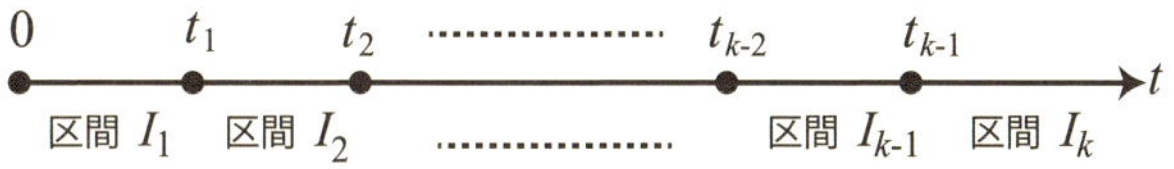

3.3 推定された分布の適合度検定

図 3.3 寿命の取り得る範囲の分割

「このデータ $T_1, T_2, \cdots, T_n$ の分布は，$F(t)$ が与える確率分布とは有意な差がない」を帰無仮説 H_0 と設定する．抽出したデータの個数は**標本サイズ** (sample size) とよばれる．

帰無仮説 H_0 が成立する確率を導出するには，「差」を数量化した上で，「有意な差がない」と判断できる確率を導出しなければならない．アイテムの寿命は一般には連続な実数値を取るが，連続な確率分布のままでは取り扱いが難しいので，次のように寿命の取り得る範囲を k 個の区間に分ける．この分割区間を図 3.3 に示す．

寿命データが区間 I_j に入っている確率を p_j とすると，寿命の確率分布関数が $F(t)$ であるから，

$$p_j \equiv P(T \in I_j) = \begin{cases} F(t_1) & (j=1) \\ F(t_j) - F(t_{j-1}) & (j=2,\cdots,k-1) \\ 1 - F(t_{k-1}) & (j=k) \end{cases} \quad (3.22)$$

が成立する．抽出した n 個の寿命データの中で，区間 I_j に入っている寿命データの個数を X_j とする．得られている寿命データは，母集団の中から無作為に抽出されていると考えてよいものとすると，X_j は確率変数と考える必要がある．n 個の抽出データ中 ℓ 個が区間 I_j に入る確率は，式 (3.22) で与えられる p_j を用いて，

$$P(X_j = \ell) = {}_n C_\ell \, p_j^\ell (1-p_j)^{n-\ell}$$
$$(\ell = 0, 1, \cdots, n; \ j = 1, \cdots, n) \quad (3.23)$$

と表される 2 項分布となる．したがって，その平均と分散は

$$\mathrm{E}\{X_j\} = np_j, \quad \mathrm{Var}\{X_j\} = np_j(1-p_j) \quad (j=1,\cdots,n) \quad (3.24)$$

で与えられる．

X_j からその理論上の平均を減じた $X_j - np_j$ は，区間 I_j に属するデータ数

の理論値からの「ずれ」を表している．適合度検定作業においては，これを

$$\widetilde{X}_j \equiv \frac{X_j - np_j}{\sqrt{np_j}} \quad (j = 1, \cdots, k) \tag{3.25}$$

という形で一種の標準化を施し，これをデータと理論値との間の標準化された「誤差」と考える．

このデータから，

$$Z = \sum_{j=1}^{k} \widetilde{X}_j^2 \tag{3.26}$$

を構成すると，Z は標準化された誤差の 2 乗値の総和を与えることになる．Z の値が大きいことは，「得られている寿命データの分布は，$F(t)$ が与える確率分布とは差がある」ということ，すなわち，帰無仮説 H_0 が否定されると考えられることに相当する．標本サイズ n が十分に大きいとき，Z の従う確率分布は，カイ 2 乗分布でよく近似し得ることが知られている．自由度 ν のカイ 2 乗分布の確率密度関数は，ガンマ関数を用いて

$$f_{\chi^2}(x;\nu) = \frac{(1/2)^{\nu/2}}{\Gamma(\nu/2)} x^{\nu/2-1} \mathrm{e}^{-x/2} \quad (x > 0) \tag{3.27}$$

で与えられる．

式 (3.24) により，

$$\mathrm{E}\{Z\} = \sum_{j=1}^{k} \mathrm{E}\{\widetilde{X}_j^2\} = \sum_{j=1}^{k} \frac{\mathrm{Var}\{X_j\}}{np_j} = \sum_{j=1}^{k} (1 - p_j) = k - 1 \tag{3.28}$$

が得られるので，このカイ 2 乗分布の自由度は $k-1$ に等しい [3]．しかし，分

---

[3] 2 項分布は，n が十分に大きい場合には，中心極限定理によって正規分布で近似できることが知られている．この特性を用いると，

$$\widetilde{X}_j \equiv \frac{X_j - np_j}{\sqrt{np_j(1-p_j)}} \quad (j = 1, \cdots, k)$$

は近似的に標準正規分布に従うことになる．$Y_1, \cdots, Y_k$ が標準正規分布に従う確率変数で独立であるとき，

$$Z = \sum_{j=1}^{k} Y_j^2$$

は自由度 k のカイ 2 乗分布に従い，$\mathrm{E}\{Z\} = k$ となる．したがって，式 (3.26) で定義される Z は，近似的に自由度 $k-1$ のカイ 2 乗分布に従う確率変数となる．ただし，この近似のためには，n が十分大きく，すべての j で $np_j \geq 5$ が必要とされている．

布中に未知パラメーターが含まれると，そのパラメーターの値による制約が発生して，カイ2乗分布の自由度は減少する．分布中に含まれる未知パラメーターの個数が m 個である場合，式 (3.27) よりさらに m 減少し，

$$\nu = k - 1 - m \qquad (3.29)$$

となる．

自由度 ν のカイ2乗分布の，上側確率 α 点を $\chi^2_\alpha(\nu)$ と表す．すなわち，式 (3.27) より，

$$\int_{\chi^2_\alpha(\nu)}^{\infty} \frac{(1/2)^{\nu/2}}{\Gamma(\nu/2)} x^{\nu/2-1} e^{-x/2} dx = \alpha \qquad (3.30)$$

を満たす値とする．寿命データが与えられた確率分布形と差があるかどうかについては，次のように判定される．

- 式 (3.26) で算出される Z が $\chi^2_\alpha(\nu)$ より大きい場合は，有意水準 α で帰無仮説 H_0 を棄却できると判断する．したがって，寿命データの分布は，与えられた確率分布と有意な差があると判定される．
- 式 (3.26) で算出される Z が $\chi^2_\alpha(\nu)$ より小さい場合は，有意水準 α で帰無仮説 H_0 を棄却できないと判断する．この場合，有意な差がないことが消極的に示されたに過ぎず，意味のある結論は得られない．

以上の手順で分布の適合度を調べる方法を**カイ2乗適合度検定** (chi-square-goodness-of-fit test) という．図 3.4 は，この判定手順を図解したものである．

帰無仮説が棄却できなかった場合は，有意水準 α では差があるとは判断できないということが示されたに過ぎず，差がないと判定されたのではない点には注意が必要である．有意水準 α を大きくすると，$\chi^2_\alpha(\nu)$ は小さくなるため，帰無仮説が棄却できる可能性は高まるが，これは「差が大きい」と判断する基準を緩めているわけであるから，判定の信用性は低下することになる．有意水準 α を固定した場合，$\chi^2_\alpha(\nu)$ の値は，自由度 ν が大きくなるほど増大する [*4] ので，式 (3.29) により，区間数 k が大きくなるほど帰無仮説の棄却域は狭まり，仮に棄却できた場合の判定の信用性は高まることになる．しかし，k を大きくすると各区間に属するデータ数が小さくなるため，式 (3.26) で与えられる Z の

[*4] 付録 A.5 のカイ2乗分布の数表を参照されたい．

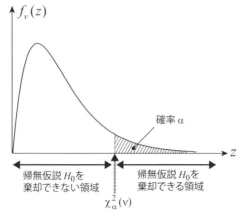

図 3.4 カイ 2 乗適合度検定の概念図

分布をカイ 2 乗分布で近似すること自体の精度が悪化してしまう点には注意しなければならない．これを避けるためには，標本数 n を大きくする以外にない．

例題 3.7　あるアイテムの寿命の確率分布が，平均 300 [hours]，標準偏差 150 [hours] の対数正規分布に従うと推定されたとする．このアイテム 200 個に対して信頼性試験を行い，故障が起こるまでの寿命を調べたところ，次表のようになった．

寿命 [hours]	0〜100	100〜200	200〜300	300〜400	400〜500	500〜600	600〜700	700〜800	800 以上
個数	14	38	49	40	38	12	5	3	1

有意水準を 0.05 (5%) としてカイ 2 乗適合度検定を行って，対数正規分布の適合性を検討せよ．

[解答]　表より，$t_j = 100 \times j$ $(j = 0, 1, \cdots, 8)$ であり，対数正規分布 $\mathrm{LN}(m_L, \sigma_L^2)$ の確率分布関数は $F(t) = \Phi\left(\frac{\log t - m_L}{\sigma_L}\right)$ で与えられるので，式 (3.22) より，

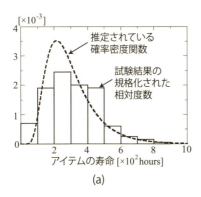
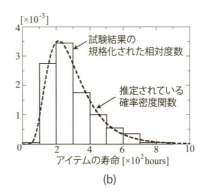

図 3.5 例題 3.7, 3.8 における，寿命データの規格化された相対度数分布と想定された対数正規分布の確率密度関数との比較

$$p_j = \begin{cases} \Phi\left(\dfrac{\log t_1 - m_L}{\sigma_L}\right) & (j=1) \\ \Phi\left(\dfrac{\log t_j - m_L}{\sigma_L}\right) - \Phi\left(\dfrac{\log t_{j-1} - m_L}{\sigma_L}\right) & (j=2,\cdots,8) \\ 1 - \Phi\left(\dfrac{\log t_8 - m_L}{\sigma_L}\right) & (j=9) \end{cases}$$

により各区間の確率が算出できる．平均 300 [hours]，標準偏差 150 [hours] から，対数平均 $m_L = 5.5922$，対数標準偏差 $\sigma_L = 0.4724$ が得られるので，この数値を上式に代入し，式 (3.26) に従って Z を計算すると，

$$Z = \frac{(14 - 200p_1)^2}{200p_1} + \cdots + \frac{(1 - 200p_9)^2}{200p_9} \simeq 51.04$$

が得られる．区間数は $k = 9$ で，分布中のパラメーター数は $m = 2$ であるから，自由度 ν は式 (3.29) より，$\nu = 9 - 1 - 2 = 6$ となる．自由度 6 のカイ 2 乗分布の上側 5% 点は，付録 A.5 の数表より，$\chi^2_{0.05}(6) = 12.5916$ となるので，得られた Z の値は帰無仮説の棄却域に入っている．したがって，表のデータの分布は，平均 300 [hours]，標準偏差 150 [hours] の対数正規分布とは差があると判定される．

表のデータの規格化された相対度数分布（相対度数を階級幅で割ったもの）と，平均 300 [hours]，標準偏差 150 [hours] の対数正規分布の確率密度関数とを比較したものを，図 3.5 (a) に示す． □

例題 3.8 あるアイテムの寿命の確率分布が，平均 300 [hours]，標準偏差 150 [hours] の対数正規分布に従うと推定されたとする．このアイテム 200 個に対して信頼性試験を行い，故障が起こるまでの寿命を調べたところ，次表のようになった．

寿命 [hours]	0〜100	100〜200	200〜300	300〜400	400〜500	500〜600	600〜700	700〜800	800 以上
個数	1	55	69	35	20	11	7	1	1

有意水準を 0.05 (5%) としてカイ 2 乗適合度検定を行って，2 パラメーターのワイブル分布の適合性を検討せよ．

[解答]　例題 3.7 と同様にして Z を計算すると，$Z = 6.33$ が得られる．自由度は $\nu = 9 - 1 - 2 = 6$ となるので，自由度 6 のカイ 2 乗分布の上側 5% 点の値は同様に 12.5916 である．得られた Z の値は帰無仮説の採択域に入っているので，危険率 5% で帰無仮説は棄却されない．したがって，表のデータは，平均 300 [hours]，標準偏差 150 [hours] の対数正規分布と有意な差があるとは言えないとしか結論できない．

表のデータの規格化された相対度数分布と，平均 300 [hours]，標準偏差 150 [hours] の対数正規分布の確率密度関数とを比較したものを，図 3.5 (b) に示す．　□

演 習 問 題

問題 3.1 あるアイテム 25 個について稼働試験を行い，故障に至るまでの寿命を測定したところ，次のようなデータが得られた（単位は [hours]）．

　　　1449, 1479, 1607, 2019, 2132, 2309, 2342, 2658, 2871, 2995
　　　3016, 3174, 3016, 3174, 3278, 3285, 3348, 3553, 3772, 3822
　　　4099, 4248, 4269, 4360, 4416, 4577, 6001

このデータに対してミーンランク法を適用し，確率紙を用いて分布形を推定せよ．

問題 3.2 あるアイテムの寿命分布関数が，β, ρ を正のパラメーターとして，

$$F(t) = 1 - \left(1 + \frac{x}{\beta}\right)^{-\rho}$$

で与えられるものとする．このアイテムに対して稼働試験を行い，$t_1, t_2, \cdots, t_n$ という n 個の寿命データが得られた．最尤推定法を用いて，β, ρ に対する尤度方程式を導出せよ．

問題 3.3 あるアイテムの寿命が，形状パラメーター $\alpha = 2$, 尺度パラメーター $\beta = 340$ [hours] の 2 パラメーターのワイブル分布に従うと推定されたとする．このアイテム 200 個に対して信頼性試験を行い，故障が起こるまでの寿命を調べたところ，次表のようになった．

寿命 [hours]	0〜100	100〜200	200〜300	300〜400	400〜500	500〜600	600〜700	700〜800	800 以上
個数	15	46	46	41	25	17	8	2	0

有意水準を 0.05 (5%) としてカイ 2 乗適合度検定を行って，このワイブル分布の適合性を検討せよ．

CHAPTER 4 信頼性と抜取試験

4.1 抜取試験と OC 曲線

4.1.1 抜取試験とその分類

信頼性の概念に基づいて設計されたアイテムを多数生産した場合，目標として設定した信頼度が達成できているかどうかを検証して，その結果をさらに設計にフィードバックしなければならない．また，設計に信頼性の概念を用いていない場合でも，多数製造されたアイテムの中に「不良品」とされるものがどれぐらい含まれているかを知ることは，アイテムの品質を確保する上で非常に重要である．

単品生産，あるいは，それに近い程度の非常に少数の生産品しか作られないような場合は，生産されたアイテムをすべて検査することが可能な場合もあるが，多数を生産する場合は，そのすべてを検査する（全検査という）のは，時間的な問題とコスト上の問題から，一般に効率が悪い．また，製品の信頼性が高くなり，故障率が低く抑えられるようになると，検査を通じて故障データを収集するのに多大な労力が必要となるため，やはり検査する対象を多く取ることは難しくなる．したがって，多数生産した中から一部を抽出して試験し，必要となる信頼性特性量を調べるという方法が広く用いられている．これを**抜取試験** (sampling test) とよんでいる．

抜取試験は，サンプルの抽出（抜取）を行う回数と，抽出したサンプルに対する試験によって何を計るか，の 2 点に基づいて分類されている．あらかじめ決めておいたサンプル数を抽出して試験を行い，判定を下す方法を **1 回抜取方**

式という．1回抜取方式でない方式には，あらかじめ抜き取る回数を決めておく多回方式，あらかじめ回数を決めずに，判定が下せるまで抽出試験を繰り返していく方式，などがある．後者は**逐次抜取方式**とよばれる．

一方，故障している製品の数を測定する試験方式を**計数抜取方式**という．これに対して，寿命などの量を計測する試験を行う方式を**計量抜取方式**という．例えば，「計数1回抜取方式」は，1回抜取方式で，故障している製品の数を測定する抜取試験を表す．

4.1.2 OC 曲線

同一の設計，同一の製造工程の下で生産されたアイテムの集まりを**ロット** (lot) という．ロットからサンプルを抽出して（この作業を**抜取** (sampling) とよぶ），信頼性特性に関して試験を行った結果，算出された信頼性特性量が基準を満たしている場合，そのロットを「合格」と判定する．ロットを合格と判定する確率を，調べている信頼性特性量の関数としてグラフ化しておけば，上述の信頼水準などを容易に読み取ることができる．このグラフのことを，**検査特性曲線** (operating characteristic curve)，あるいは **OC 曲線**とよぶ．

アイテムの生産ロットの中に，製造の段階で不具合を持った製品が含まれることがある．これを「不良品」とよび，ロット全体の生産数に対する，不良品の含まれている比率を**ロット不良率**という．不良品を故障が発生しているとみなせば，ロット不良率を1から減じた量は，信頼度に対応する．ただし，この考察においては，信頼度の時間変動は考えないものとしておく．ロットから無作為にアイテムを抜き取り，不良品かどうかを判定するための試験を実施する．この結果，不良品の個数が所定の個数以下ならば，ロットを合格とする．この条件の下で，ロット全体の不良率（真の不良率）が p のときに，試験結果が合格となる確率を $L(p)$ とする．この $L(p)$ を p の関数として表したグラフがこの場合の OC 曲線となる．図 4.1 (a) は，ロット不良率に対する OC 曲線の概形を描いたものである．真のロット不良率 p がゼロであれば不良品が含まれていないので，合格確率は1となり，p が増加するにつれて，合格確率は低下していく．

一方，特性値をアイテムの平均余寿命である MTTF（m と記す）とした場合

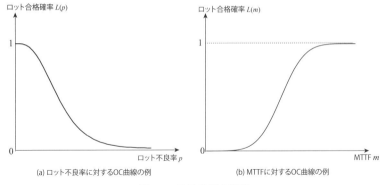

図 4.1 OC 曲線の概形

の OC 曲線 $L(m)$ の概形を描いたのが図 4.1 (b) である．m が大きくなるほどアイテムの信頼性は上がるので，$L(m)$ は m の増加関数となる．

4.2 ロット不良率に対する OC 曲線

4.2.1 ロット不良率に対する OC 曲線の概要

ロット不良率は小さいほうがよいが，信頼性工学の観点から見れば，大量生産品を対象とした規模の大きなロットについては，ロット不良率をゼロにすることは現実には難しい．したがって，ある小さな値にまでロット不良率を抑制できていれば，品質確保の目的は達成できていると考える．この値を p_0 で表し，**規定不良率** (acceptable quality level = AQL) あるいは**合格基準**とよぶ．$p \leq p_0$ が成立していれば，そのロットの品質は確保されていることになるが，この条件下においてロットが不合格と判定される確率は，

$$\alpha = 1 - L(p_0) \tag{4.1}$$

以下で与えられる．この確率は，アイテムを生産する側からみると，ロットが合格基準を満たしているにもかかわらず不合格と判定される確率であり，アイテムの生産者側にとっては不利な状況が発生する確率となる．このため，この α を**生産者危険率** (producer risk) とよぶ．

逆に，ロット不良率がこれ以上大きくなると信頼性の観点から許容できないと判断される上限値を p_1 と表し，これを**最大許容不良率** (lot tolerance percent

4.2 ロット不良率に対する OC 曲線

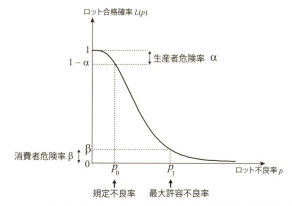

図 4.2 ロット不良率に対する OC 曲線と生産者危険率・消費者危険率

defective = LTPD) あるいは**不合格基準**とよぶ．$p \geq p_1$ が成立していれば，そのロットの品質は確保できていないことになるが，この条件下においてロットが合格と判定される確率は，

$$\beta = L(p_1) \tag{4.2}$$

以下で与えられる．この確率は，アイテムを購入する使用者側からみると，ロットが合格基準を満たしていないにもかかわらず合格と判定される確率であり，アイテムの使用者側にとっては不利な状況が発生する確率となる．このため，この β を**消費者危険率** (consumer risk) とよぶ．p_0, p_1, α, β と OC 曲線との関係を，模式的に図 4.2 に示す．α と β を与えた上で，p_0 と p_1 の差が小さいほど誤判定の可能性は小さくなるので，生産者・消費者双方にとって好ましいが，そのためには抽出サンプル数を多くする必要があり，効率は悪化してしまう．そこで，両者の比 p_1/p_0 を妥当と考えられる目標値に設定し，それが実現されるように抽出サンプル数と合格基準を決めるという方法が取られる．この比を**判別比**とよぶ．判別比が大きすぎると判定の信頼性が低下するものの，1 に近づけすぎると上述の理由により抜取試験の意味がなくなってしまうため，中間の適切な値を選ぶ必要がある．通常，判別比は 1.4〜4 程度が適切とされている．

4.2.2 ロット不良率に対する OC 曲線の導出

ロットの大きさを N とし，このロットの中に不良品が M ($< N$) 個含まれているものとする．このロットから n ($< N$) 個を抽出した結果，その中に含まれていた不良品の個数が k ($< n$) 個であったとする．ロット全体の M 個の不良品の中から k 個を取り出す組合せの数は ${}_M\mathrm{C}_k$，$N - M$ 個の正常品の中から $n - k$ 個取り出す組合せの数は ${}_{N-M}\mathrm{C}_{n-k}$ であり，ロット全体 N 個から n 個抽出する組合せの数は ${}_N\mathrm{C}_n$ であるので，n 個の抽出に対して k 個の不良品が取り出される確率は ${}_M\mathrm{C}_k \times {}_{N-M}\mathrm{C}_{n-k} / {}_N\mathrm{C}_n$ に等しい．したがって，抜き取ったサンプル中不良品が c 個以下となる確率を与える $L(p)$ は次式となる．

$$L(p) = \sum_{k=0}^{c} \frac{{}_M\mathrm{C}_k \times {}_{N-M}\mathrm{C}_{n-k}}{{}_N\mathrm{C}_n} \tag{4.3}$$

この確率分布は**超幾何分布** (hypergeometric distribution) とよばれている．

抜取試験は，非常に大きな規模のロットに対して実施されるので，式 (4.3) において，ロットのサイズ N が十分に大きい極限状態での分布を近似する表式に変換しておく必要がある．このロットの不良率は M/N であるから，$M/N = p$ (一定) に保った上で，$N \to \infty$, $M \to \infty$ という極限を取ることを考える．そのために，式 (4.3) を

$$\begin{aligned}\frac{{}_M\mathrm{C}_k \times {}_{N-M}\mathrm{C}_{n-k}}{{}_N\mathrm{C}_n} &= \frac{M \cdots (M-k+1)}{k \cdots 1} \\ &\quad \times \frac{(N-M) \cdots (N-M-n+k+1)}{(n-k) \cdots 1} \times \frac{n \cdots 1}{N \cdots (N-n+1)} \\ &= {}_n\mathrm{C}_k \times \frac{M \cdot (M-1) \cdots (M-k+1)}{N \cdot (N-1) \cdots (N-k+1)} \\ &\quad \times \frac{(N-M) \cdot (N-M-1) \cdots (N-M-n+k+1)}{(N-k) \cdot (N-k-1) \cdots (N-n+1)}\end{aligned}$$

と変形した上で，$M/N = p$ を代入して極限を取ると，

$$\begin{aligned}\frac{{}_M\mathrm{C}_k \times {}_{N-M}\mathrm{C}_{n-k}}{{}_N\mathrm{C}_n} &= {}_n\mathrm{C}_k \times \frac{p \cdot (p - \frac{1}{N}) \cdots (p - \frac{k-1}{N})}{1 \cdot (1 - \frac{1}{N}) \cdots (1 - \frac{k-1}{N})} \\ &\quad \times \frac{(1-p) \cdot (1 - p - \frac{1}{N}) \cdots (1 - p - \frac{n-k-1}{N})}{(1 - \frac{k}{N}) \cdot (1 - \frac{k+1}{N}) \cdots (1 - \frac{n-1}{N})} \\ &\longrightarrow {}_n\mathrm{C}_k p^k (1-p)^{n-k} \quad (N \to \infty)\end{aligned}$$

が得られる．すなわち，超幾何分布は N, M が十分に大きいという条件の下で，2項分布で近似し得ることがわかる．したがって，この条件下での式 (4.3) に対する近似表式は，

$$L(p) \simeq \sum_{k=0}^{c} {}_nC_k\, p^k(1-p)^{n-k} \tag{4.4}$$

となる．計数抜取型の場合，少なくとも式 (4.4) の近似を施すのが通例である．

さらに，ロット不良率 p が十分に小さく，かつ，抽出数 n が十分に大きい場合には，$np = \lambda$ に固定した上で，$n \to \infty$ かつ $p \to 0$ の極限を取ることにより，式 (4.4) の各項は次のようになる．

$$\begin{aligned}
{}_nC_k p^k(1-p)^{n-k} &= \frac{n\cdot(n-1)\cdots(n-k+1)}{k!}\left(\frac{p}{1-p}\right)^k (1-p)^n \\
&= \frac{1}{k!}\cdot\frac{n}{n}\cdot\frac{n-1}{n}\cdots\frac{n-k+1}{n}\cdot\left(\frac{\lambda}{1-\frac{\lambda}{n}}\right)^k\left(1-\frac{\lambda}{n}\right)^n \\
&\longrightarrow \frac{\lambda^k}{k!}e^{-\lambda} \quad (n \to \infty)
\end{aligned}$$

すなわち，パラメーター λ のポアソン分布で近似できることになる．したがって，OC曲線の方程式は次のように近似される．

$$L(p) \simeq \sum_{k=0}^{c} \frac{(np)^k}{k!} e^{-np} \tag{4.5}$$

式 (4.5) は離散和の形で表現されているため，4.4節で述べる抜取試験の手順において，数表の表現が複雑になり，使いにくいという問題がある．そこで，次の手順で積分表示に変換しておくと便利である．まず，k を自然数，$\lambda > 0$ として，部分積分より得られる関係式

$$\int_0^\lambda x^k e^{-x} dx = -\lambda^k e^{-\lambda} + k\int_0^\lambda x^{k-1} e^{-x} dx$$

の両辺を $k!$ で割ることにより，

$$\frac{\lambda^k}{k!}e^{-\lambda} = \frac{1}{(k-1)!}\int_0^\lambda x^{k-1}e^{-x}dx - \frac{1}{k!}\int_0^\lambda x^k e^{-x}dx$$

が得られる．右辺が階差数列になっていることから，上式を k について1から c まで加えると，

$$\sum_{k=1}^{c} \frac{\lambda^k}{k!} \mathrm{e}^{-\lambda} = \int_0^\lambda \mathrm{e}^{-x} dx - \frac{1}{c!} \int_0^\lambda x^c \mathrm{e}^{-x} dx$$

となるので，右辺第 1 項の積分を計算し，さらに，第 2 項の積分変数 x を $x/2$ に変換して整理すると，

$$\sum_{k=0}^{c} \frac{\lambda^k}{k!} \mathrm{e}^{-\lambda} = 1 - \frac{(1/2)^{c+1}}{c!} \int_0^{2\lambda} x^c \mathrm{e}^{-x/2} dx \tag{4.6}$$

が得られる．ここで，$c! = \Gamma(c+1)$ に注意すると，式 (4.6) は，式 (3.27) で定義されるカイ 2 乗分布で自由度を $\nu = 2(c+1)$ とした場合の確率密度関数 $f_{\chi^2}(x; 2(c+1))$ を用いて，次のように書き換えることができる．

$$\sum_{k=0}^{c} \frac{\lambda^k}{k!} \mathrm{e}^{-\lambda} = \int_{2\lambda}^{\infty} f_{\chi^2}(x; 2(c+1)) dx \tag{4.7}$$

したがって，式 (4.5) のポアソン近似の下では，式 (3.30) で定義される，カイ 2 乗分布の上側確率の分点を用いると，

$$\chi^2_{L(p)}(2(c+1)) = 2np \tag{4.8}$$

と表すことができる．これが式 (4.5) の近似の下でのロット不良率に対する OC 曲線を与える方程式となる．

4.3 MTTF に対する OC 曲線

4.3.1 MTTF に対する OC 曲線の概要

次に，与えられたロット中のアイテムに対する信頼性試験を行い，アイテムの平均寿命（MTTF）をロット合格の基準とする場合を考えよう．ロットから n 個の抜取を行い，稼働試験を実施し，n 個の寿命データより得られた MTTF の推定値を $\hat{m}$ とする．この値 $\hat{m}$ が既定の目標値 m_c を上回っていれば，そのロットを合格と判定するものとする．すなわち，MTTF に対する OC 曲線は，

$$L(m) = P(\hat{m} > m_c; m) \tag{4.9}$$

で与えられる．ただし，m はこのアイテムの真の MTTF である．ロット全体でのアイテムの平均寿命 m が増加するにつれて，設定目標値が一定であれば

4.3 MTTF に対する OC 曲線

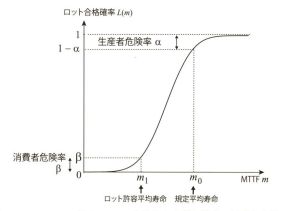

図 4.3 MTTF に対する OC 曲線と生産者危険率・消費者危険率

合格と判定される確率が高くなるので，この場合の OC 曲線は図 4.3 のようになる．

抜取試験の結果得られた平均寿命推定値が，m_0 を上回っていればロットの品質を保証できるものとすると，

$$\alpha = 1 - L(m_0) \tag{4.10}$$

で定まる α 以下の確率で，合格とすべきロットが不合格と判定されることになるので，この α が生産者危険率を与える．一方，m_1 を下回った場合にはロットの品質を保証できないものとすると，

$$\beta = L(m_1) \tag{4.11}$$

で定まる β 以下の確率で，不合格とすべきロットが合格と判定されることになるので，この β が消費者危険率を与える．不良率の場合と同様に，m_0 を合格基準，m_1 を不合格基準とよぶが，不良率の場合とはこれらの大小が逆転している点には注意が必要である．

4.3.2 MTTF に対する OC 曲線の導出

抜取試験の対象となるアイテムの寿命の確率分布関数が $F(t)$ で与えられているものとし，その平均を m としておく．m がこのアイテムの MTTF を与える．このアイテムに対して，無作為に n 個抽出して稼働試験を行い，すべての

試験で故障に至るまでの寿命のデータが得られたものとしよう．得られた寿命データを昇順にソートしたものを $T_1, T_2, \cdots, T_n$ $(T_1 \leq \cdots \leq T_n)$ とする．

MTTF をロットの信頼性評価尺度とする場合，すべての試験対象が故障を起こすまで試験を継続することが困難となることがある．このため，あらかじめ定められた試験時間で試験を打ち切る方法，あるいは，あらかじめ定められた故障アイテム数の故障が発生した時点で試験を打ち切る方法が取られる．前者は**定時打切り試験** (time-truncated test) とよばれ，後者は**定数打切り試験** (failure-truncated test) とよばれる．

例として，抽出サンプル数 n 個中，k 個の故障が発生した時点で試験を打ち切る定数打切り試験を考えよう．得られた寿命データを昇順にソートしたものを $T_1, T_2, \cdots, T_n$ とし，k 個目の故障で打ち切るまでに得られたデータを

$$T_1 = t_1,\ T_2 = t_2, \cdots,\ T_k = t_k,\ T_{k+1} \geq t_k, \cdots, T_n \geq t_k$$

とする．ただし，$t_1 \leq t_2 \leq \cdots \leq t_k$ である．$t_1 < T_1 \leq t_1 + \Delta t_1, \cdots, t_k < T_k \leq t_k + \Delta t_k,\ T_{k+1} \geq t_k, \cdots, T_n \geq t_k$ となる同時確率は，

$$f(t_1)\Delta t_1 \times \cdots \times f(t_k)\Delta t_k \times \{1 - F(t_k)\}^{n-k}$$

となることから，対数尤度関数を

$$L = \sum_{i=1}^{k} \log f(t_i) + (n-k)\log(1 - F(t_k))$$

と構成する．

アイテムの寿命が平均 m の指数分布に従う場合 [*1)]，すなわち $F(t) = 1 - e^{-t/m}$，$f(t) = e^{-t/m}/m$ となる場合，対数尤度関数は

$$L = -k\log m - \sum_{i=1}^{k} \frac{t_i}{m} - (n-k)\frac{t_k}{m}$$

となるので，$\partial L/\partial m = 0$ の条件から，MTTF に対する最尤推定量 $\hat{m}$ が得られる．この結果，得られた寿命データ $T_1, \cdots, T_k$ から得られる最尤推定量は次

[*1)] 各要素の寿命が指数分布に従う場合の打切り試験に関しては，Epstein[33] により詳細な解析結果が与えられている．

式となる.

$$\hat{m} = \frac{1}{k}\left\{\sum_{i=1}^{k} T_i + (n-k)T_k\right\} \tag{4.12}$$

特に $k = n$ の場合は, $t_1, t_2, \cdots, t_n$ の算術平均に一致する. アイテムの寿命が他の確率分布に従う場合は, $k = n$ の場合を除いては, 式 (4.12) は一般には成立しない.

例題 4.1 アイテムの寿命が平均 m の指数分布に従う場合について, 打切り個数が $k\ (\leq n)$ の定数打切り試験を行うものとする. 式 (4.12) で与えられる MTTF の推定量から, この場合の OC 曲線を導出せよ.

[解答] MTTF の最尤推定量は,

$$\hat{m} = \sum_{i=1}^{k} Z_i, \quad Z_i = (n-i+1)(T_i - T_{i-1}) \quad (i=1,\cdots,k)$$

と書き換えることができる. ただし, $T_0 = 0$ と定めておく. Z_i の確率分布関数は, $T_1, \cdots, T_n$ の昇順のソートの場合の数が $n!$ 通りあることに注意すると,

$$P(Z_i \leq z) = n! \times P\left(T_i - T_{i-1} \leq \frac{z}{n-i+1}, T_1 < T_2 < \cdots < T_n\right)$$

となる. これを積分で表示して計算すると,

$$P(Z_i \leq z) = n! \int_0^\infty \frac{1}{m} e^{-t_1/m} dt_1 \int_{t_1}^\infty \frac{1}{m} e^{-t_2/m} dt_2 \cdots$$
$$\cdots \times \int_{t_{i-1}}^{t_{i-1}+z/(t-i+1)} \frac{1}{m} e^{-t_i/m} dt_i \int_{t_i}^\infty \frac{1}{m} e^{-t_{i+1}/m} dt_{i+1} \cdots$$
$$\cdots \times \int_{t_{n-2}}^\infty \frac{1}{m} e^{-t_{n-1}/m} dt_{n-1} \int_{t_{n-1}}^\infty \frac{1}{m} e^{-t_n/m} dt_n$$
$$= n! \frac{1}{n!}(1 - e^{-z/m}) = 1 - e^{-z/m}$$

が得られる. すなわち, $Z_i\ (i-1,\cdots,k)$ はそれぞれが平均 m の指数分布に従う確率変数となる. さらに, 同様の計算により, $Z_i\ (i-1,\cdots,k)$ は統計的に独立であることを示すことができる. したがって, $\hat{m}$ の確率分布関数は, 指数分布の k 重の合成積により,

$$P(Z_1 + \cdots + Z_k \leq z) = \int_0^z \frac{(t/m)^{k-1}}{(k-1)!} \frac{1}{m} e^{-t/m} dt$$

となる．この結果を式 (4.9) に代入することにより，

$$L(m) = P(Z_1 + \cdots + Z_k \geq km_c) = \int_{km_c}^{\infty} \frac{(t/m)^{k-1}}{(k-1)!} \frac{1}{m} \mathrm{e}^{-t/m} dt$$

が得られ，積分変数を t/m から $u/2$ に置換すると，

$$L(m) = \frac{(1/2)^k}{\Gamma(k)} \int_{2km_c/m}^{\infty} u^{k-1} \mathrm{e}^{-u/2} du = \int_{2km_c/m}^{\infty} f_{\chi^2}(u; 2k) du$$

と書き換えることができる．ただし，$f_{\chi^2}(u; 2k)$ は自由度 $2k$ のカイ 2 乗分布の確率密度関数である．したがって，式 (3.30) で定義されるカイ 2 乗分布の上側確率点を用いることにより，

$$2k\frac{m_c}{m} = \chi^2_{L(m)}(2k) \tag{4.13}$$

と表すことができる．これが OC 曲線を与える． □

例題 4.2 アイテムの寿命が平均 m の正規分布に従う場合について，$k = n$，すなわちすべての試験アイテムが故障するまで試験を行うものとする．この場合の OC 曲線を導出せよ．ただし，アイテムの寿命の標準偏差を σ とする．

[解答] このとき，MTTF に対する最尤推定量は，観測されたアイテムの寿命データ $T_1, \cdots, T_n$ ($T_1 < \cdots < T_n$) の算術平均となるので，式 (4.9) より OC 曲線は，

$$L(m) = n! \times P\left(\frac{T_1 + \cdots + T_n}{n} > m_c, T_1 < \cdots < T_n\right)$$

となる．この右辺は，昇順にソートした $T_1, \cdots, T_n$ のすべての順列について総和を取ったものに等しいが，この場合の最尤推定量が $T_1, \cdots, T_n$ のあらゆる置換に対して不変であることに注意すると，全確率の公式から，この総和により，$T_1 < \cdots < T_n$ の条件が不要となり，$L(m) = P(T_1 + \cdots + T_n > nm_c)$ が成立することになる．例題 2.6 で示した正規分布の再生性により，$T_1 + \cdots + T_n$ は平均が nm，分散が $n\sigma^2$ の正規分布に従う確率変数となるので，

$$L(m) = 1 - \Phi\left(\frac{nm_c - nm}{\sigma\sqrt{n}}\right) = \Phi\left(\frac{m - m_c}{\sigma/\sqrt{n}}\right) \tag{4.14}$$

が成立する．これが OC 曲線を与える． □

4.4 抜取試験の手順

4.4.1 計数 1 回抜取方式の場合

抜取試験においては，合格基準，不合格基準，生産者危険率，消費者危険率を与えた上で，必要な標本数（抜取数）とロット合格の判定基準をあらかじめ決定し，それに基づいて検査を行ってロットの合否を判定する．これらの量の決定に OC 曲線が使用される．

まず，合格基準 p_0，および，生産者危険率の上限 α を与えた上で，ロットの合否の判定を誤る確率を

$$L(p_0) \geq 1 - \alpha \tag{4.15}$$

を満たすように設定する．これは，合格判定のための基準不良率 p_0 を，生産者危険率が，与えられた上限値 α を上回らないようにするための制約を表す．式 (4.8) の近似の下では，カイ 2 乗分布の上側確率分点 $\chi_a^2(\nu)$ が a については減少関数であることに注意すると，$\chi_{L(p)}^2(2(c+1)) \leq \chi_{1-\alpha}^2(2(c+1))$ が成立するので，

$$2np_0 \leq \chi_{1-\alpha}^2(2(c+1)) \tag{4.16}$$

となる．

次に，不合格基準 p_1，および，消費者危険率の上限 β を与えた上で，ロットの合否の判定を誤る確率を

$$L(p_1) \leq \beta \tag{4.17}$$

を満たすように設定する．これは，不合格判定のための基準不良率 p_1 を，消費者危険率が，与えられた上限値 β を上回らないようにするための制約を表す．同様に式 (4.8) の近似の下では，

$$2np_1 \geq \chi_\beta^2(2(c+1)) \tag{4.18}$$

となる．式 (4.16) と式 (4.18) を共に満たすように，抜取サンプル数 n と判定個数 c を決めるが，2 つの不等式を満たす (n, c) の組は一般には複数得られる

ので，その場合は何らかの他の基準を考慮して適当な組を選択する必要がある．一般に，合格基準個数を増やすほど試験コストが増加するので，コストの観点からは基準個数 c を小さくした方がよい．n の決定に際しては，式 (4.17) を優先すると合格基準の付近で，式 (4.15) を優先すると不合格基準のところで，それぞれ過剰な余裕が生じるため，式 (4.15)，式 (4.17) が共に成立する区間の中点付近で n を決定することが多い [*2]．なお，2 つの不等式を共に満たす (n,c) の組が存在しない場合は，最初に設定したパラメーターの数値を修正する必要がある．

例題 4.3 不良率の合格基準を $p_0 = 0.05\,(5\%)$，不合格基準を $p_1 = 0.2\,(20\%)$，生産者危険率を $\alpha = 0.05\,(5\%)$，消費者危険率 β を $\beta = 0.1\,(10\%)$ とした場合の計数 1 回抜取方式において [*3]，抽出サンプル数 n と合格基準個数 c を求めよ．ただし，OC 曲線は式 (4.8) の近似表式を用いて記述できるものとし，数値はカイ 2 乗分布の数表を利用して求めること．

[解答] 式 (4.16) の両辺の逆数を取って，不等式 (4.18) とを辺々掛けることにより，n を消去することができて，

$$\frac{p_1}{p_0} \geq \frac{\chi^2_\beta(2(c+1))}{\chi^2_{1-\alpha}(2(c+1))} \qquad (4.19)$$

が成立する．各 c の値に対して，付録 A.5 のカイ 2 乗上側確率の数値表を用いて式 (4.19) の右辺を計算すると，次の表のようになる．

c	$\chi^2_{0.95}(2(c+1))$	$\chi^2_{0.1}(2(c+1))$	$\chi^2_{0.1}(2(c+1))/\chi^2_{0.95}(2(c+1))$
1	0.71072	7.77944	10.94581
2	1.63538	10.64464	6.50896
3	2.73264	13.36157	4.88962
4	3.94030	15.98718	4.05735
5	5.22603	18.54935	3.54942

$p_1/p_0 = 4$ であるから，式 (4.19) を満たす c の中で最小の条件から，$c = 5$ と

[*2] n の決定に際しては，消費者側の条件に対応する式 (4.17) を優先し，可能な n の中で最小な値を選択するという場合もある．

[*3] JIS Z 9002 の中で，$\alpha = 0.05\,(5\%)$，$\beta = 0.1\,(10\%)$ が基準値として設定されている．

すればよいことがわかる*4).

次に, $p_0 = 0.05$, $\alpha = 0.05$ および $c = 5$ を式 (4.16) に代入して数表の数値を用いると,

$$n \leq \frac{\chi^2_{0.95}(12)}{2p_0} = \frac{5.22603}{2 \times 0.05} \simeq 52.3$$

同様に式 (4.18) から,

$$n \geq \frac{\chi^2_{0.1}(12)}{2p_1} = \frac{18.54935}{2 \times 0.2} \simeq 46.4$$

となるので, $(52.3 + 46.4)/2 = 49.35$ より, $n = 50$ を選択する. 以上より, 抽出サンプル数 $n = 50$ の抜取試験を実施し, 合格基準個数を $c = 5$ と設定する.

□

4.4.2 計量1回抜取方式の場合

合格基準 m_0, 不合格基準 m_1, 生産者危険率の上限 α および消費者危険率の上限 β を与えた上で,

$$L(m_0) \geq 1 - \alpha, \quad L(m_1) \leq \beta \tag{4.20}$$

を満たすように, 試験時間の上限, または, 故障発生個数の上限を設定する. アイテムの寿命が指数分布に従う場合について定数打切り方式を採用したとすると, 式 (4.14) を用いることにより,

$$2k\frac{m_c}{m_0} \leq \chi^2_{1-\alpha}(2k), \quad 2k\frac{m_c}{m_1} \geq \chi^2_\beta(2k) \tag{4.21}$$

が得られる. 抜取試験における打切り個数 k, および, 合格判定基準 m_c を, これらの不等式を満たすように決めるが, やはりコストの観点から, k はできるだけ小さく選定し, m_c は式 (4.21) から定まる区間の中点と選定する.

例題 4.4 MTTF の合格基準を $m_0 = 1500$ [hours], 不合格基準を $m_1 = 500$ [hours], 生産者危険率を $\alpha = 0.05$ (5%), 消費者危険率 β を $\beta = 0.1$ (10%) とした場合の計量1回抜取方式において, 打切り個数 k と合格基準値 m_c を求めよ. ただし, m_c については整数値を取るものとする.

---

*4) カイ2乗分布の確率密度関数形は, 非対称で右裾野に長く尾を引く形となっているため, 自由度の増加に伴う上側確率の分点値の増加速度は, 上側確率が小さな値を取る右裾野の方が大きい. このため, 式 (4.19) の右辺は c の増加に対して減少していく.

[解答]　例題 4.3 と同様に，式 (4.21) の 2 つの不等式の辺々を割ることにより，

$$\frac{m_0}{m_1} \leq \frac{\chi_\beta^2(2k)}{\chi_{1-\alpha}^2(2k)}$$

が得られる．$\alpha = 0.05$，$\beta = 0.1$，$m_0/m_1 = 3$ の場合について，この不等式を満たすような最小の k を付録 A.5 の数表より求めると，$k = 8$ となることがわかる．この結果を式 (4.21) に代入すると，

$$m_c \leq \frac{1500}{2 \times 8}\chi_{0.95}^2(2 \times 8) \simeq 746.4, \quad m_c \geq \frac{500}{2 \times 8}\chi_{0.1}^2(2 \times 8) \simeq 735.7$$

となるので，$(746.4+735.7)/2 = 741.05$ より，$m_c = 742$ を選択する．したがって，8 個の故障が発生するまで試験を行い，得られた MTTF が $m_c = 742$ [hours] 以上となっていればそのロットは合格と判定される．　　　　□

4.4.3　多回抜取方式・逐次抜取方式の場合

2 回以上の抜取を，あらかじめ定めた回数行う多回方式では，最後の判定を除いては，ロットが合格であるか，不合格であるかの二者択一ではなく，どちらとも判定できない「検査続行」というカテゴリーを設けておく．1 回目の判定で合格あるいは不合格であると判定された場合はそこで終了し，検査続行と判定された場合は，その次の検査に進む．そして行った検査の結果を順次累計して合否を判断していくという方法を取る．この場合，各回における抽出サンプル数を同数に設定する必要はない．

一方，抜取の回数をあらかじめ決めておかない逐次方式では，同じように各回の検査では合格，不合格，検査続行の 3 通りの判断を下せるようにして，判定が得られるまで抜取試験を続行していく．ただし，この方式ではいつまでも判定を下せないという状況が起こり得るため，通常，抜取回数以外に何らかの上限を設定しておく必要がある．例えば，総試験時間の上限を設定しておき，抜取を進めていって総試験時間が設定された上限に達した時点で検査を打ち切り，それまでに得られた試験結果から合否の判定を下すという方法がある．

演 習 問 題

問題 4.1 不良率の合格基準を $p_0 = 0.01$, 不合格基準を $p_1 = 0.1$, 生産者危険率を $\alpha = 0.1$, 消費者危険率を $\beta = 0.01$ とした場合の計数 1 回抜取方式において, 抽出サンプル数 n と合格基準個数 c を求めよ.

問題 4.2 消費者保護の観点から, 不良率の合格基準 p_0, および, 生産者危険率 α を設定せず, 不良率の不合格基準を $p_0 = 0.1$, 消費者危険率を $\beta = 0.1$ と設定し, 計量 1 回抜取方式の試験を行うものとする. この場合, 式 (4.16) は考慮せず, 式 (4.18) だけが満たされるように諸量を決定する. 合格基準個数を $c = 3$ と設定するとき, 抽出サンプル数 n を定めよ.

問題 4.3 アイテムの寿命が指数分布に従うものとし, MTTF の合格基準を $m_0 = 2000$ [hours], 不合格基準を $m_1 = 400$ [hours], 生産者危険率を $\alpha = 0.05$, 消費者危険率 β を $\beta = 0.01$ とした場合の計量 1 回抜取方式において, 打切り個数 k と合格基準値 m_c を求めよ. ただし, m_c については整数値を取るものとする.

問題 4.4 アイテムの寿命が, 標準偏差が $\sigma = 300$ [hours] の正規分布に従うものとし, 抽出した n 個のサンプルすべてについて故障するまでの試験を実施するものとする. MTTF の合格基準を $m_0 = 2200$ [hours], 不合格基準を $m_1 = 1800$ [hours], 生産者危険率を $\alpha = 0.1$, 消費者危険率 β を $\beta = 0.01$ とした場合の計量 1 回抜取方式において, 抽出サンプル数 n, および, 合格基準値 m_c を求めよ. ただし, m_c については整数値を取るものとし, 標準正規分布の数表を利用すること.

CHAPTER 5 システムの信頼性

■■■ 5.1 冗長性とシステムの信頼性 ■■

　一般に，アイテムは複数の構成要素からなる「システム」であり，アイテムの信頼性は，各要素の信頼性を基に，システムとしての構造を考慮に入れて算出しなければならないことが多い．個々の要素の信頼性が改善できなくても，システムの構成を工夫することによって，システム全体としてのアイテムの信頼性を高められる場合もある．

　アイテムの一部の要素が機能しなくなっても，バックアップとして備え付けられている他の要素がその機能を補って，システム全体としてのアイテムの故障には至らないように予防する能力を持たせているとき，そのアイテムは冗長性 (redundancy) を持つという．また，冗長性を持つようにアイテムを設計することを，冗長設計という．冗長性を高めれば，システムとしてのアイテムの信頼性を向上させることができるが，高い冗長性を実現するためのコストが増大する．高い冗長性と低いコストは同時に実現することはできないので，中間に最適な状態が存在する．この原理をトレードオフ (trade off) とよぶ．冗長設計においては，このことを考慮に入れなければならない．

　1.3節で述べたフォールトトレランスは，バックアップ要素の取り入れだけでなく，機能的な面も含めて冗長性を持たせる設計思想であると言える[1]．こ

---

　[1] 航空機の分野などでは，システムの構成材料の一部に損傷が生じたとしても，それが致命的な大きさに成長する前に点検等の予防保全を施すことを前提とする設計法が行われており，損傷許容設計 (damage tolerant design) とよばれている．

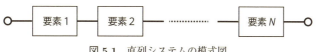

図 5.1 直列システムの模式図

れに対して，フェールセーフは，故障が発生した場合でも最終的に安全が保たれる方向にアイテムの状態が移行するような設計を指す．例えば，システムの主電源の故障に備えて予備電源を装備しておくのはフォールトトレランスであり，急な停電の際にシステムを安全にシャットダウンさせる非常電源装置を装備しておくのはフェールセーフである．

一時期，ジェット旅客機のベストセラー機として君臨していたB747型機は4基のエンジンを搭載しており，このうち3基が仮に故障したとしても，残りの1基により緊急着陸を行う能力は維持されるように設計されている[*2]．また，道路交通における信号機は，制御系統の異常により通常の制御が不能になった場合は，必ず赤が点灯するように設計されている．これもフェールセーフ設計の一種である．

5.1.1 直列システムの信頼度

システムが N 個の構成要素から成り，すべての構成要素が機能を果たさないと，システム全体から成るアイテムは機能を果たさない場合，**直列システム** (series system) とよぶ．図 5.1 にその構造を模式的に示す．この構造図においては，各構成要素は故障している場合にパスを遮断するものとし，図左の〇印から図右の〇印へのパスが1本でも存在する場合に，システム全体としてのアイテムが機能を果たすことができることを意味するものとする．

システムの各々の構成要素は互いに独立，すなわち，各要素の故障の発生は独立であるものとする．要素 i の信頼度を $R_i(t)$，アイテム（システム全体）の信頼度を $R(t)$ とすると，直列システムにおいてはすべての要素が故障しないときに限りアイテムが機能することから，

[*2] 現在では，一部の大型機を除いて，2基のエンジンを搭載した双発機が主流となってきている．個々のエンジンの信頼性が向上していることに加え，4基のエンジンの場合には保守管理などの非効率性が認められることなどもあって，双発機で十分な信頼性の確保が可能となっている．

$$R(t) = \prod_{i=1}^{N} R_i(t) \tag{5.1}$$

が成立する．

例題 5.1　図 5.1 に示す直列システムにおいて，要素 i の故障率を $h_i(t)$，アイテム（システム全体）の故障率を $h(t)$ とすると

$$h(t) = \sum_{i=1}^{N} h_i(t) \tag{5.2}$$

が成立することを示せ．

[解答]　要素 i の故障率が $h_i(t)$ であるから，式 (2.5) より，要素 i の信頼度 $R_i(t)$ は

$$R(t) = \exp\left\{-\int_0^t h(s)ds\right\}$$

となる．これを式 (5.1) に代入すると，

$$R(t) = \prod_{i=1}^{N} \exp\left\{-\int_0^t h_i(s)ds\right\} = \exp\left\{-\sum_{i=1}^{N}\int_0^t h_i(s)ds\right\}$$
$$= \exp\left\{-\int_0^t \left(\sum_{i=1}^{N} h_i(s)\right)ds\right\}$$

が得られるので，式 (5.2) が成立することがわかる．

□

例題 5.2

1) 図 5.1 に示す，N 個の要素からなる直列システムにおいて，システムの各要素の寿命が，パラメーター λ の指数分布に従うとき，システム全体から成るアイテムの MTTF を計算せよ．

2) 図 5.1 に示す直列システムにおいて，$N = 2$ とし，要素 1 の寿命が，形状パラメーターが 1/2，尺度パラメーターが 100 [hours] のワイブル分布に，要素 2 の寿命が，形状パラメーターが 3/2，尺度パラメーターが 900 [hours] のワイブル分布に，それぞれ従うものとする．このとき，システムの故障率が最小となる時刻を求めよ．

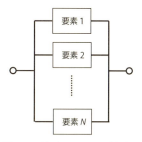

図 5.2　並列システムの模式図

[解答]

1) $R_i(t) = \exp(-\lambda t)$ $(i = 1, 2, \cdots, N)$ を式 (5.1) に代入すると $R(t) = \left(\mathrm{e}^{-\lambda t}\right)^N = \mathrm{e}^{-N\lambda t}$ となることから，式 (2.8) を用いると，

$$\mathrm{MTTF} = \mathrm{E}\{T\} = \int_0^\infty \mathrm{e}^{-N\lambda t} dt = \frac{1}{N\lambda}$$

が得られる．したがって，要素が 1 つの場合の MTTF の $1/N$ 倍となることがわかる．

2) 例題 2.3 の結果を式 (5.2) に代入することにより，システムの故障率は，

$$h(t) = \frac{(1/2)t^{-1/2}}{100^{1/2}} + \frac{(3/2)t^{1/2}}{900^{3/2}}$$

となることがわかる．これを微分すると，

$$\frac{d}{dt}h(t) = \frac{-(1/4)t^{-3/2}}{100^{1/2}} + \frac{(3/4)t^{-1/2}}{900^{3/2}} = \frac{1}{4}t^{-3/2}\left(-\frac{1}{100^{1/2}} + \frac{3t}{900^{3/2}}\right)$$

となるので，$t = 900$ [hours] で故障率が最小となることがわかる．

□

5.1.2　並列システムの信頼度

システムが N 個の構成要素から成り，すべての構成要素の中で少なくとも 1 つが機能を果たすことにより，システム全体から成るアイテムが機能を果たす場合，**並列システム** (parallel system) とよぶ．並列システムは，冗長性を有するシステムなので，**並列冗長システム** (parallel redundant system) とよぶこともある．図 5.2 にその構造を模式的に示す．

直列システムの場合と同様に，システムの各々の構成要素は互いに独立であ

るものとする．要素 i の信頼度を $R_i(t)$，アイテム（システム全体）の信頼度を $R(t)$ とすると，並列システムにおいてはすべての要素が故障したときに限りアイテムが故障することから，余事象の確率を考えることにより，

$$R(t) = 1 - \prod_{i=1}^{N}\{1 - R_i(t)\} \tag{5.3}$$

が成立する．

例題 5.3 N 個の要素から成る並列システムにおいて，システムの各要素の故障率が λ で一定であるものとする．
1) システム全体から成るアイテムの MTTF を計算せよ．
2) システム全体の信頼度が r_c $(0 < r_c < 1)$ まで低下したら点検を施すものとするとき，点検を実施する時刻 t_1 を求めよ．

［解答］
1) 各要素の故障率が λ で一定であるので，$R_i(t) = \mathrm{e}^{-\lambda t}$ を式 (5.3) に代入すると

$$R(t) = 1 - (1 - \mathrm{e}^{-\lambda t})^N$$

が得られる．これを式 (2.8) に代入して，積分変数を $y = 1 - \mathrm{e}^{-\lambda t}$ と置換すると，

$$\begin{aligned}\mathrm{MTTF} &= \int_0^1 \left(1 - y^N\right) \frac{1}{\lambda(1-y)} dy \\ &= \frac{1}{\lambda} \int_0^1 \left(1 + y + \cdots + y^{N-2} + y^{N-1}\right) dy \\ &= \frac{1}{\lambda}\left(1 + \frac{1}{2} + \cdots + \frac{1}{N-1} + \frac{1}{N}\right)\end{aligned}$$

2) 求める時刻 t_1 は，

$$R(t_1) = 1 - \left(1 - \mathrm{e}^{-\lambda t_1}\right)^N = r_c$$

を満たす時刻であるので，次式が得られる．

$$t_1 = -\frac{1}{\lambda} \log\left\{1 - (1 - r_c)^{1/N}\right\}$$

□

図 5.3 直列構造と並列構造が共存するシステムの例

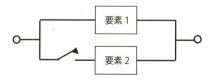

図 5.4 待機冗長システム（切替冗長システム）の例

例題 5.4 3 個の要素から成るシステムの構成が図 5.3 のようになっているものとする．全体のアイテムの信頼度関数 $R(t)$ を，各構成要素の信頼度関数 $R_i(t)$ $(i = 1, 2, 3)$ を用いて表せ．

[解答] 要素 1 と要素 2 から成る並列部分の信頼度を $Q(t)$ とすると，式 (5.1) が適用できて，$R(t) = Q(t)R_3(t)$ となる．$Q(t)$ について式 (5.3) を適用すると，結局次式が得られる．

$$R(t) = [1 - \{1 - R_1(t)\}\{1 - R_2(t)\}] R_3(t)$$

□

5.1.3 待機冗長システムの信頼度

システムに同じ機能を持つ予備の要素をあらかじめ備えておき（予備の要素は通常は使用しない状態にしてある），ある要素が故障したら，予備の要素に使用を切り替えることができるようにしておくシステムを**待機冗長システム** (stand-by redundant system) とよぶ．図 5.4 に示すように，2 個の構成要素から成り，通常は要素 1 を使用して，要素 2 は使用しない状態にある．要素 1 が故障した場合，要素 1 をシステムから切り離して，要素 2 に切り替えて使用を続けることができるような待機冗長システムを，特に**切替冗長システム** (switching redundant system) とよぶこともある．

例題 5.5 図 5.4 に示すような切替冗長システムにおいて，要素 1，要素 2

各々の信頼度関数を $R_1(t)$, $R_2(t)$, アイテム（システム全体）の信頼度を $R(t)$ とする．このシステムの切替スイッチが必ず機能するものとすると，アイテムの信頼度 $R(t)$ は次式で与えられることを示せ．ただし，$f_1(t)$ は要素 1 の寿命の確率密度関数で，$f_1(t) = -dR_1(t)/dt$ である．

$$R(t) = R_1(t) + \int_0^t R_2(t-s)f_1(s)ds \tag{5.4}$$

[解答]　時刻 t までに要素 1 が故障せず稼働するという事象を A，時刻 t までに要素 1 が故障し，その後切り替えた要素 2 が時刻 t まで故障せずに稼働するという事象を B とすると，これらは互いに排反であることから，

$$R(t) = P(A) + P(B)$$

が成立する．$P(A)$ は明らかに $R_1(t)$ に等しい．事象 B については，要素 1 が故障する時刻を s とすると，時刻 s で要素 2 に切り替わり，その後 t まで稼働するので，全確率の公式を適用すると，

$$P(B) = \int_0^t R_2(t-s)f_1(s)ds$$

が成立するので，式 (5.4) が成立することがわかる．
□

例題 5.6　例題 5.5 において，要素 1, 2 の寿命がそれぞれパラメーター λ_1, λ_2 の指数分布に従うものとするとき，アイテムの信頼度 $R(t)$ を求めよ．

[解答]　$R_i(t) = \exp(-\lambda_i t)$ $(i = 1, 2)$ を式 (5.4) に代入することにより，$\lambda_1 \neq \lambda_2$ であれば，

$$\begin{aligned}R(t) &= e^{-\lambda_1 t} + \int_0^t e^{-\lambda_2(t-s)}\lambda_1 e^{-\lambda_1 s}ds \\ &= e^{-\lambda_1 t} + \frac{\lambda_1}{\lambda_1 - \lambda_2}\left(e^{-\lambda_2 t} - e^{-\lambda_1 t}\right)\end{aligned}$$

となり，$\lambda_2 = \lambda_1$ であれば

$$R(t) = (1 + \lambda_1 t)e^{-\lambda_1 t}$$

となる．
□

例題 5.7 例題 5.5 において，切替スイッチの信頼度関数が $R_{\mathrm{SW}}(t)$ であるとき，アイテムの信頼度 $R(t)$ を求めよ．

[解答] 例題 5.5 の解答中，時刻 $s\ (0<s<t)$ で要素 1 が故障した後に，切替スイッチが稼働している確率を考慮すればよいので，信頼度は次式となる．

$$R(t) = R_1(t) + \int_0^t R_2(t-s)R_{\mathrm{SW}}(s)f_1(s)ds$$

□

例題 5.8 例題 5.5 において，要素 1, 2 の寿命が共にパラメーター λ の指数分布に従うとき，アイテムの故障率を求め，要素 1 のみからなるアイテムの故障率と比較せよ．

[解答] 式 (2.5) より，

$$h(t) = -\frac{d}{dt}\{\log R(t)\}$$

となるので，これに例題 5.6 で得られた $R(t) = (1+\lambda t)\mathrm{e}^{-\lambda t}$ を代入すると，

$$h(t) = \lambda - \frac{\lambda}{1+\lambda t} = \frac{\lambda^2 t}{1+\lambda t}$$

が得られる．要素 1 のみからなるシステムでは，$h(t) = \lambda$ であるから，

$$h(t) - \lambda = -\frac{\lambda}{1+\lambda t} < 0$$

となり，故障率が減少することがわかる．

□

5.1.4 多数決システムの信頼度

N 個の要素から成るシステムで，全要素のうち k 個（$k \geq N/2$ とする）の要素が機能していれば，アイテム全体としては機能することができるとき，k/N システム (k-out-of-N system) とよぶ．k/N システムは，多数決システム，あるいはより詳しく k/N **多数決システム**とよぶこともある．また，このことによりシステムは冗長性を持つことになるので，**多数決冗長システム**という言い方をすることもある．

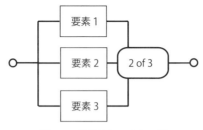

図 5.5 多数決システムの例

例題 5.9 N 個の要素の信頼度関数がすべて同じ $R_0(t)$ であるような k/N 多数決冗長システムから成るアイテム（システム全体）について，信頼度 $R(t)$ を導出せよ．

[解答] N 個中 i 個が機能する確率は，機能する要素を i 個選び出す場合の数を考慮して

$$_N C_i \{R_0(t)\}^i \{1 - R_0(t)\}^{N-i}$$

となるので，システムが機能する確率である $R(t)$ は，これを $i \geq k$ について加え合わせたものとなる．したがって，アイテムの信頼度関数は次式となる．

$$R(t) = \sum_{i=k}^{N} {}_N C_i \{R_0(t)\}^i \{1 - R_0(t)\}^{N-i} \tag{5.5}$$

□

5.2 システム構造関数

5.2.1 システム構造関数の定義と例

一般のシステムは，部分的な直列構造や並列構造が，複数混合している非常に複雑な構造を持っている．このような複雑なシステムに対する信頼性解析を行うには，系統立った解析手法を確立しておくことが望ましい．図 5.1 あるいは図 5.2 に示したように，アイテム全体のシステム構成は，細分化された構成要素の機能的なつながりをグラフを用いて表現することができ，各構成要素が機能あるいは故障の 2 つの状態を取り，全体としてのシステムについての機能あるいは故障の 2 状態を定めることが信頼性評価を与える．このような特性は，

デジタル回路の特性と全く同一であるため，ブール代数 (Boolean algebra) を用いた代数解析が有効となる．

アイテムの構成要素が n 個あり，要素 1 から要素 n と番号付けがなされているものとする．要素 i の状態を表す変数を a_i $(i = 1, 2, \cdots, n)$ と表し，

$$a_i = \begin{cases} 1 & (\text{要素 } i \text{ が故障していない}) \\ 0 & (\text{要素 } i \text{ が故障している}) \end{cases} \tag{5.6}$$

であるものとする．以下では，各要素の状態をベクトル的にまとめたものを $a = (a_1, a_2, \cdots, a_n)$ と表す．

次に，システム全体からなるアイテムの状態を表す変数を a_S とし，各要素と同様に故障していれば $a_S = 0$，故障せずに稼働していれば $a_S = 1$ であるものとする．システムの構成は，a から a_S への写像で表現され，これを

$$a_S = \varphi(a) \tag{5.7}$$

と表す．この $\varphi(a)$ を**システム構造関数** (system structure function) とよぶ．

図 5.1 で与えられる直列システムでは，システム構造関数は

$$\varphi(a) = \prod_{i=1}^{n} a_i = a_1 a_2 \cdots a_n \tag{5.8}$$

であり，図 5.2 で与えられる並列システムでは，システム構造関数は

$$\varphi(a) = 1 - \prod_{i=1}^{n}(1 - a_i) = 1 - (1 - a_1)(1 - a_2) \cdots (1 - a_n) \tag{5.9}$$

となる [*3]．式 (5.9) を，次のように表すこともある [*4]．

[*3] ブール代数における論理積を記号 $\wedge$ で，論理和を記号 $\vee$ で表現するものとする．すなわち，$0 \wedge 0 = 0 \wedge 1 = 1 \wedge 0 = 0$, $1 \wedge 1 = 1$, $0 \vee 0 = 0$, $0 \vee 1 = 1 \vee 0 = 1 \vee 1 = 1$ を満たす演算とすると，式 (5.8) は $\varphi(a) = a_1 \wedge a_2 \wedge \cdots \wedge a_n$ と表され，式 (5.9) は $\varphi(a) = a_1 \vee a_2 \vee \cdots \vee a_n$ と表される．

[*4] 記号 $\coprod$ は，余積 (coproduct) あるいは双対積 (dual product) とよばれ，

$$\coprod_{i=1}^{n} a_i = \overline{\prod_{i=1}^{n} \overline{a_i}}$$

という関係が成立する．$\overline{a_i}$ はブール代数における a_i の補元 (complement) を表し，$\overline{a_i} = 1$ $(a_i = 0)$, $\overline{a_i} = 0$ $(a_i = 1)$ を意味する．

$$\varphi(a) = \prod_{i=1}^{n} a_i \equiv 1 - \prod_{i=1}^{n}(1-a_i) \tag{5.10}$$

要素 i の信頼度を r_i とすると，$\mathrm{E}\{a_i\} = 1 \times r_i + 0 \times (1-r_i) = r_i$ であるから，要素 i の信頼度は，その状態 a_i を信頼度 r_i に置き換えることにより得られる．システム構造関数は，式 (5.8)，式 (5.9) からもわかるように，一般にブール代数としての多項式の形で表現される．要素 i と要素 j が独立であれば，$\mathrm{E}\{a_i a_j\} = r_i r_j$ が成立すること，また，期待値を取る操作は線形性を有すること，に注意すると，システム構造関数の表式中で，各 a_i を r_i に置き換えた，$\varphi(r)$ $(r=(r_1, r_2, \cdots, r_n))$ がシステム全体の信頼度を与えることがわかる．この原理は，各要素の信頼度が時間の関数として変化していく場合にも成立する．

例題 5.10

1) 図 (a)，図 (b) のそれぞれのシステムのシステム構造関数を求めよ．
2) 要素 1 と要素 3 の信頼度が等しく，$r_1 = r_3 = q_1$ (q_1 は定数で $0 < q_1 < 1$) を満たし，要素 2 と要素 4 の信頼度が等しく，$r_2 = r_4 = q_2$ (q_2 は定数で $0 < q_2 < 1$) を満たすものとする．このとき，図 (a) のシステムの信頼度 R_1 と，図 (b) のシステムの信頼度 R_2 の大小を比較せよ．

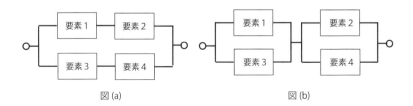

図 (a) 図 (b)

[解答]

1) 図 (a) については，要素 1 と要素 2 から成る直列部分の構造関数は $a_1 a_2$，要素 3 と要素 4 から成る直列部分の構造関数は $a_3 a_4$ となるので，これらが並列系を構成することから，全体の構造関数は式 (5.3) より

$$\varphi(a) = 1 - (1-a_1 a_2)(1-a_3 a_4)$$

となる．図 (b) については，要素 1 と要素 3 から成る並列部分と，要素 2 と要素 4 から成る並列部分が全体として直列構造を成していることから，

$$\varphi = \{1-(1-a_1)(1-a_3)\}\{1-(1-a_2)(1-a_4)\}$$

となる.

2) 信頼度は 1) の結果に $a_1 = a_3 = q_1$, $a_2 = a_4 = q_2$ を代入することにより得られるので,

$$R_1 = 1-(1-q_1q_2)^2 = 2q_1q_2 - q_1^2q_2^2$$

$$R_2 = \{1-(1-q_1)^2\}\{1-(1-q_2)^2\} = 4q_1q_2 - 2q_1^2q_2 - 2q_1q_2^2 + q_1^2q_2^2$$

となる. これより,

$$R_1 - R_2 = -2q_1q_2(1-q_1)(1-q_2) < 0$$

が得られるので, $R_1 < R_2$ であることがわかる.

□

5.2.2 パスセットとカットセット

システムを構成する要素の状態全体から成る集合 $S = \{a_1, a_2, \cdots, a_n\}$ の部分集合 S_p で, S_p の要素がすべて値 1 を取ると, S_p の補集合に属する要素の状態に依らずに, システムの構造関数 $\varphi(a)$ が値 1 を取るようになっているとき, この S_p をパスセット (path set) とよぶ. この定義から明らかなように, S_p がパスセットであれば, $S_p \subset S'_p \subset S$ を満たす部分集合 S'_p もパスセットであり, S 自身も 1 つのパスセットとみなすことができる. したがって, パスセットはできるだけ少ない要素からなる部分集合に絞り込んでいかなければ意味がない. そこで, パスセット S_p の中で, S_p に属する要素のうち 1 つでも値がゼロとなると, システム構造関数の値もゼロとなるようなものを, 最小パスセット (minimal path set) とよぶ. 最小パスセットは, それに属する要素がすべて機能すると, 全体のシステムが機能するような要素の集合を表すので, 各最小パスセットはシステムの機能モード, すなわち故障していない要素をどう組み合わせるとシステムが機能するかを表していると言える.

一方, S の部分集合 S_c で, S_c の要素がすべて値ゼロを取ると, S_c の補集合の要素がいかなる値を取ろうとシステムの構造関数が値ゼロとなるとき, この S_c をカットセット (cut set) とよぶ. パスセットの場合と同様に, S_c が 1 つの

カットセットであれば，$S_c \subset S_c' \subset S$ を満たす部分集合 S_c' もカットセットであり，S 自身も1つのカットセットである．したがって，カットセットもできるだけ少ない要素から成るものを考えていかなければならない．カットセット S_c の中で，S_c 自身を除くすべての S_c の部分集合がカットセットにならないとき，この S_c を最小カットセット (minimal cut set) とよぶ．最小カットセットは，それに属する要素がすべて故障となると，全体のシステムが故障となるような要素の集合を表すので，最小パスセットが機能モードを表すのに対して，最小カットセットは故障モードを表していると言える．次節で述べる FTA あるいは ETA での故障モードに対応するものである．一般に，システムに非常に高い信頼性が要求される場合，故障モードを抽出して解析していくというアプローチが重要となるので，このような場合は最小パスセットよりも最小カットセットを抽出していくことが重要となる．

例題 5.11 図に示すシステムについて，最小パスセットと最小カットセットをすべて求めよ．

[解答] 要素1と2から成る並列サブシステム，要素3，要素4と5から成る並列サブシステムの3つのサブシステムが直列系を形成しているので，最小パスセットはこれらの3つのサブシステムから1つずつ選択して組み合わせることにより構成できる．したがって，$\{a_1, a_3, a_4\}$，$\{a_2, a_3, a_4\}$，$\{a_1, a_3, a_5\}$，$\{a_2, a_3, a_5\}$ が最小パスセットとなる．

最小カットセットは，これらの3つのサブシステムそれぞれを切断するように構成すればよい．したがって，$\{a_1, a_2\}$，$\{a_3\}$，$\{a_4, a_5\}$ が最小カットセットになる．

□

システム構造より得られるすべての最小パスセットを $S_p^{(1)}, \cdots, S_p^{(n)}$ とすると，

$$\varphi(a) = \prod_{j=1}^{n}\left(\prod_{i \in S_p^{(i)}} a_i\right) \tag{5.11}$$

が成立し，すべての最小カットセットを $S_c^{(1)}, \cdots, S_c^{(k)}$ とすると，

$$\varphi(a) = \prod_{j=1}^{k}\left(\coprod_{i \in S_c^{(i)}} a_i\right) \tag{5.12}$$

が成立する．したがって，これらの表式の期待値を取ることにより，システムの信頼度が得られるが，例えば式 (5.12) において，各カットセット，

$$\coprod_{i \in S_c^{(1)}} a_i, \cdots, \coprod_{i \in S_c^{(i)}} a_i$$

は独立とはならないので，式 (5.11) 中で各 a_i を r_i に置き換えるだけではシステムの信頼度は得られない．式 (5.11) についても同様であるので，この点は注意が必要である．

5.3 FTA, ETA, FMEA

5.3.1 フォールト・ツリー解析 (FTA)

複雑なシステムでは，最終的なアイテムの故障がどのような構成要素の故障の組合せで起こるのかを明らかとしておくことが重要である．このような故障要素の組合せのことを**故障モード** (failure mode) とよぶ．故障モードは，システムの構造をグラフとみなせば，最小カットセットと同義である．想定し得る故障モードを列挙しておくことにより，各モードの生起確率を算出することが容易となり，重要なモードを特定できるようになると共に，故障モードに多く寄与する構成要素の把握が可能となる．こういった解析により，アイテムの信頼性を向上させるためにどのような対応を取るべきかを具体的に示唆することができる．

故障モードを解析していく手法として広く用いられている方法の1つに，フォールト・ツリー解析（故障木解析）(fault tree analysis) あるいは **FTA** とよばれるものがある．FTA は，1962 年にアメリカ AT&T ベル研究所のワトソン

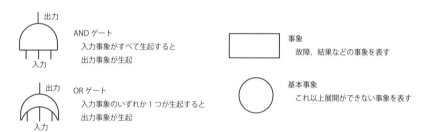

図 5.6　FTA で用いる主な記号

(H. A. Watson) が，ミサイル発射制御システムの安全性評価のために考案したのが始まりで [*5)]，以降，航空宇宙関係，原子力プラントの安全管理，などに活用されるようになり，現在ではシステム信頼性評価手法として非常に重要な手法の 1 つとなっている．

　FTA は，最終的に起こってしまう故障事象（**頂上事象** (top event) という）から出発して，順次段階的に故障につながる事象を特定していく方法で，これをトップダウン型という．故障事象の特定は，故障の関連・影響を「木構造」とよばれるグラフを用いて表現する．これをフォールト・ツリー（**故障木**）(fault tree = FT) とよぶ．FT の末端に位置する，これ以上故障の原因を細分化しないような事象を**基本事象** (basic event) とよぶ．図 5.6 に，FTA で用いられる主な記号を示す．

　FTA では，頂上事象から出発してその原因を順に探っていくので，基本事象をあらかじめ抽出しておく必要はない．FT を構築していく過程で，事象の原因を特定して 1 つ下位に進むとき，原因の事象をどこまで細かく列挙するかは，さまざまな状況を考慮に入れて，解析者が判断しなければならない．したがって，頂上事象を与えたからといっても，FT がただ 1 つに決まるというわけではない．原因となる事象の列挙が不十分であると，アイテムの信頼性評価が実際の故障発生の可能性を正確に推定できないという問題が生ずるが，逆にあまり細かく列挙しすぎると，全体の解析がどんどん複雑になってしまうので，かえって能率は低下する．

[*5)]　文献[34)] に開発からの経緯が詳しくまとめられている．

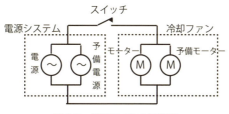

図 5.7 例題 5.12 の回路図

FTを構築し終えたのち，各基本事象の生起確率を与えれば，確率を計算しながら FT を逆に辿っていくことにより，頂上事象の生起確率，すなわち，故障確率を算出することができる．FTA の AND ゲートにおける入力事象の生起確率を $F_1^{\text{in}}, \cdots, F_n^{\text{in}}$，出力事象の生起確率を F^{out} とすると，直列システムと同じ考え方が適用できるので，

$$F^{\text{out}} = F_1^{\text{in}} \times \cdots \times F_n^{\text{in}} \tag{5.13}$$

となる．一方 OR ゲートの場合は並列システムと同じ考え方が適用できるので，

$$F^{\text{out}} = 1 - (1 - F_1^{\text{in}}) \times \cdots \times (1 - F_n^{\text{in}}) \tag{5.14}$$

となる．ただし，FTA においては，入力事象および出力事象が共に故障に相当する事象となるため，AND ゲートでは信頼性は上昇し，OR ゲートでは信頼性は低下する．信頼性評価においては，直列システムでは信頼性は低下し，並列システムでは逆に信頼性は上昇するので，FTA での関係とは逆となる点には注意が必要である．

例題 5.12　PC などに使用されている冷却ファンについて，その構造を非常に簡単化して，図 5.7 のような電気回路の動作により冷却ファンの動作が記述できるものとする．ただし，電源部分とモーター部分にそれぞれ待機冗長型の予備電源と予備モーターを設置してある．

1) 冷却ファンの故障を頂上事象として，FTA を構成せよ．
2) スイッチの故障確率関数が $F_1(t)$，電源および予備電源の故障確率が $F_2(t)$，モーターおよび予備モーターの故障確率関数が $F_3(t)$ のとき，FT を利用して冷却ファンの故障確率関数を算出せよ．

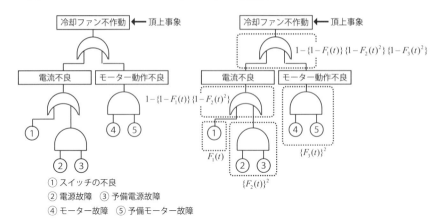

図 5.8 例題 5.12 の FT と頂上事象の生起確率の計算

[解答]
1) 頂上事象である冷却ファンの故障（不作動）は，モーターが正常に動作しないか，電流に不良が生じているかのいずれかが発生すると生起する．したがって，この 2 つの事象が OR ゲートで入力されることになる．さらに，電流不良は，電源の故障とスイッチの故障のいずれかが発生すると生起するので，やはりこれら 2 つの事象が OR ゲートで入力されることになり，さらに電源部に待機冗長性があるため，ここに AND ゲートが入力される．また，モーター動作不良についても待機冗長性があるため AND ゲートが入力されることになる．以上より，FT は図 5.8 のようになる．

2) 各ゲートの入出力に式 (5.14) を用いると，時刻 t までに頂上事象が生起する確率は次式となることがわかる．

$$1 - \{1 - F_1(t)\}\{1 - F_2(t)^2\}\{1 - F_3(t)^2\}$$

□

5.3.2 イベント・ツリー解析 (ETA)

FTA においては，頂上事象から出発して生起事象を段階的に細分化していくため，隣接するレベル間の事象生起の関係という情報だけから，システム全

体に関わる頂上事象の生起の仕組みを解析することが可能となっている．しかし，どのような基本事象の組合せが頂上事象を引き起こしているのか，換言すれば，どのような故障モードが内在しているか，という点が直感的にわかりにくい．起こり得る故障モードをできるだけ正確に把握しておかないと，頂上事象の生起を未然に防ぐために取るべき対策の選択が難しくなってしまう．

そこで，構成した FT の基本事象のそれぞれについて，生起したか否かという情報を組み合わせていくことにより，最終的に頂上事象に至るような基本事象の組合せを明らかとすることができる．すなわち，故障モードの解析が容易となる．この組合せをグラフで表現したものは，FT と同じ木構造を形成するので，これをイベント・ツリー (event tree = ET) とよび，これを用いて故障モードの解析を行う手法をイベント・ツリー解析 (event tree analysis = ETA) とよぶ．

ET の構成を理解するために，例題 5.12 の FT を例に取って説明することとしよう．基本事象をすべて列挙し，それぞれについて，故障しているか，正常に動作しているか，を場合分けし，これをすべての基本事象について行い，組合せをグラフで表現する．ただし，OR ゲートに入る基本事象については，他の基本事象の故障の有無に依らずに上位のレベルへの故障の伝達が発生するので，組合せを省略することができる．

図 5.9 は，このようにして構成した ET を表す．例えば，電源が正常である場合は，予備電源の故障の有無に依らずに電源部分が稼働するので，その部分の基本事象の故障に関する記述は省略してある．モーターについても同様である．

例えば，図 5.9 の (a) はスイッチの故障により頂上事象である冷却ファンの不作動が発生するモードを，(b) は電源と予備電源が両方故障して不作動が発生するモードを，それぞれ表している．これらのモードは頂上事象の発生に向けて直列に並んでいるため，それぞれの基本事象の確率を乗じていくことによりそのモードの生起確率が計算できるので便利である．例えば，図 5.9 の (c) のモードの生起確率は

$$\{1 - F_1(t)\} \times F_2(t) \times \{1 - F_3(t)\} \times F_4(t) \times F_5(t)$$

により算出することができる．

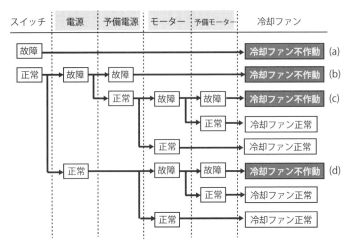

図 5.9　例題 5.12 の FT に対応した ET

5.3.3　故障モード影響度解析 (FMEA)

フォールト・ツリー解析が，頂上事象から出発してその原因となる事象を細分化しながら解析を進めるのに対して，逆にシステムの構成要素各々の故障形態から出発して，システム構成上の上位要素への影響を調べる方法は，**故障モード影響度解析** (failure mode and effect analysis = FMEA) とよばれている．1950 年前後に，アメリカの軍用機産業で導入され，その後アメリカの航空宇宙産業などに次第に拡がり，現在では自動車開発他さまざまな産業で使用されるようになってきている．日本では，1970 年ごろから次第に使用されるようになってきている．

フォールト・ツリー解析がトップダウン型の解析手法であるのに対して，故障モード影響度分析はボトムアップ型であると表現される．FMEA においては，影響の伝達を順次記入していく用紙が用意され，これに記入していくことにより上位要素への影響度をシステマティックに調べ上げていく．この用紙のことを **FMEA ワークシート** (FMEA work sheet) という．さらに，影響度の大小をクラス別に表す項目を付加したものを**故障モードと影響および致命度解析** (failure mode, effect and criticality analysis = FMECA) とよんでいる．

FMEA ワークシートには，次のような項目が記入される．

5.3 FTA, ETA, FMEA

表 5.1 FMECA シートの例

整理番号	部位名	故障モード	故障原因	故障による影響	影響度	重要度評価	対策
	システム名：冷却ファンシステム			記入者名：＊＊＊＊			
1	電源スイッチ	接触不良	内部断線	電流不良	大	致命的	断線の修復
2	主電源装置	電圧が上昇しない	蓄電ユニットの劣化 回路素子不良	電流不良	中	限界的	不良ユニット交換 装置全体交換
⋮	⋮	⋮	⋮	⋮	⋮	⋮	⋮

- システム名：解析の対象とするシステム名
- 部品名，部品の機能：システム内の部品名とその機能
- 故障または誤操作モード：各部品について考えられる故障等
- 故障の原因：各故障・誤操作モードについて考えられる原因
- 故障による影響：各故障がシステムの上位要素に与える影響
- 対策：故障が発生した場合の対処法の列挙

さらに，FMECA では，影響度と致命度を導入するが，その度合いを複数のクラスに分類し，どのクラスに属するかを記入する形を取ることが多い．FMECA ワークシートの形式の簡単な例を表 5.1 に示す．こういった項目の他に，発生頻度や，稼働の可否などの項目を設けることもある．

FMEA シートの記入における各項目の記述は非常に単純な作業であるため，対象となる要素の数が非常に多くなっても対応が可能である．その反面，システムあるいはサブシステムの故障事象に対する生起確率の正確な算出を行うことには適していない．そのような目的に対しては FTA あるいは ETA の方が適している．ただし，非常に簡易に，システムの故障に関する重要度を定量化する機能は与えられることも多い．例えば，影響度と発生頻度を記入項目に設定している場合，その積を致命度として定量評価することもある．これは，影響度を故障事象発生時の損失コスト，発生頻度を生起確率に置き換えると，期待損失コストに対応するものであるが，影響度および発生頻度をあらかじめランク付けされた評点で記入する方式をとることが多いので，致命度は期待損失コストに正確に一致するものではない．また，これに検出度（その故障を検出できる困難さを評点化したもの）が項目として加わっている場合は，致命度と検出度の積を取ったものをリスク優先数 (risk priority number = RPN) と定義

し，定量化されたリスク指標として用いられている．

演習問題

問題 5.1　図 (a) に示すシステムにおいて，要素 1〜要素 5 の信頼度関数を $R_1(t), \cdots, R_5(t)$ とするとき，システム全体としてのアイテムの信頼度 $R(t)$ を $R_1(t), \cdots, R_5(t)$ を用いて表せ．

問題 5.2　図 (b) に示すシステムについて，最小パスセットと最小カットセットを求めよ．

問題 5.3　図 (c) に示す FTA において，基本事象 1〜5 の生起確率を $q_1, \cdots, q_5$ とするとき，頂上事象の生起確率を算出せよ．

問題 5.4　図 (c) に示す FTA を ETA に変換せよ．

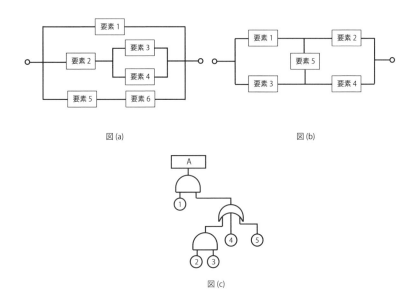

図 (a)　　　　　　　　　　図 (b)

図 (c)

CHAPTER 6 システムの保全性

■■■ 6.1 アベイラビリティ ■■■

アイテムの機能を正常な状態（故障となっていない状態）に維持するために行う活動を**保全** (maintenance) という．1.3節で述べたように，保全は，故障が起こった後に行う**事後保全** (corrective maintenance) と，故障が起こる前に，故障を未然に防ぐために行う**予防保全** (preventive maintenance) とに大別される．故障したアイテムを稼働可能な状態に戻す作業が**修理** (repair) で，修理可能なアイテムでは事後保全は修理に対応する．これに対して，正常動作中に行う点検，それにより必要とされる補修は予防保全にあたる．

保全を考慮に入れた信頼性評価を行う場合，アイテムの稼働性は保全により失われるということを考慮に入れなければならない．例えば，予防保全を過剰に行うと，故障が発生する可能性は低減できても，アイテムの稼働性が低下するため，ユーザーにとっての利便性は低下してしまう．また，事後保全に要する時間が非常に長くなると，たとえアイテムの信頼度が回復したとしても，やはり稼働性は低下する．このような，保全の有する負の効果を考慮に入れた信頼性特性値がアベイラビリティ (availability) である．すなわち，信頼度がアイテムが故障していない確率を表すのに対して，アベイラビリティはアイテムが稼働可能な状態にある確率と定義され，保全を含めたアイテムの運用管理は，アベイラビリティの向上を目指して行われる．

$A(t)$ を，時刻 t でアイテムが稼働可能な状態にある確率とする．$A(t)$ はアイテムの**瞬間アベイラビリティ** (instantaneous availability) とよばれる．この

$A(t)$ が時間が十分に経過した後にある一定値に収束するとき,

$$\lim_{t \to \infty} A(t) = A_{\mathrm{ST}} \tag{6.1}$$

を定常アベイラビリティ (stationary availability) という．瞬間アベイラビリティを時間の関数として解析的に得ることは，本章で紹介するいくつかの簡単な数理モデルに対する解析例を除いては，一般には容易ではないため，通常，定常アベイラビリティを推定するには，式 (6.1) の極限による計算ではなく，別のアプローチにより数量化することが多い．

◇ 固有アベイラビリティ

保全として事後保全のみを考慮し，平均稼働時間と平均事後保全時間との比率により定めるアベイラビリティを**固有アベイラビリティ** (inherent availability) という．固有アベイラビリティ A_{i} は次式で定義される．

$$A_{\mathrm{i}} = \frac{\mathrm{MTBF}}{\mathrm{MTBF} + \mathrm{MTTR}} \tag{6.2}$$

ここで，MTBF は 2.1.4 項で述べた平均故障時間間隔であり，MTTR は，事後保全，すなわち故障発生後の修理に要する時間の平均値で，**平均修理時間（平均修復時間）** (mean time to repair = MTTR) とよばれる．固有アベイラビリティは，アイテムが修理下にない限り稼働可能であることを前提とするものである．

◇ 達成アベイラビリティ

固有アベイラビリティがアイテムの稼働以外では事後保全のみを考えているのに対して，予防保全の実施による稼働不能性も考慮に入れたものを**達成アベイラビリティ** (achieved availability) という．達成アベイラビリティ A_{a} は次式で定義される．

$$A_{\mathrm{a}} = \frac{\mathrm{MTBM}}{\mathrm{MTBM} + \bar{M}} \tag{6.3}$$

ここで，MTBM は**平均保全間隔時間** (mean time between maintenance = MTBM) とよばれるもので，事後保全と予防保全を含めたすべての保全に費やされる時間の間隔の平均値，すなわち，それらすべての保全を除いて稼働可能

な時間の平均値を表す．これに対して，$\bar{M}$ は，予防保全と事後保全をすべて合わせた平均保全時間である．

◇ 運用アベイラビリティ

実際のアイテムの運用では，保全に費やしている時間以外にも，アイテムを使用できない状況が発生することがある．こういった可能性も含めて，純粋にアイテムが稼働可能な時間の平均的な比率を与えるものを運用アベイラビリティ (operational availability) という．運用アベイラビリティ A_o は次式で定義される．

$$A_o = \frac{\text{MUT}}{\text{MUT} + \text{MDT}} \tag{6.4}$$

ここで，MUT は平均運用可能時間 (mean up time)，MDT は平均運用不可能時間 (mean down time) であり，平均運用不可能時間はすべての保全を含むアイテムの稼働が不可能な時間の平均を表す．

6.2 マルコフ連鎖モデルを用いたアベイラビリティ解析

6.2.1 マルコフ連鎖の概要

$X(t)$ を時刻 t でのアイテムの状態を表す確率過程 (stochastic process) とし[*1)]，アイテムの取り得る状態は有限個で，0 から K までの番号付けがなされているものとする．これら全体の集合 $S = \{0, 1, 2, \cdots, K\}$ を状態空間 (state space) とよぶ．

時刻列 $t_1, t_2, \cdots, t_{n-1}, t_n$ $(0 < t_1 < t_2 < \cdots < t_{n-1} < t_n)$ に対して，時刻

[*1)] 時間変数に依存する確率変数の集まりを確率過程という．時間変数 t の取り得る値の集合 T を時間パラメーター集合とよび，確率過程の取り得る値の集合を状態空間などとよぶ．確率過程 $X(t)$ は，時間パラメーター t を 1 つ固定するごとに確率変数であり，サンプルを 1 つ抽出するとそれは $t \in T$ 上で定義された，状態空間の値を取る関数となる．この抽出された関数を見本関数 (sample function) またはサンプル関数とよぶ．時間パラメーター集合が離散集合であるものを離散時間確率過程 (discrete time stochastic process)，連続変数から成る集合であるとき連続時間確率過程 (continuous time stochastic process) とよんで区別する．また，状態空間が離散点から成る集合であるとき，離散状態確率過程 (discrete state stochastic process) とよび，状態空間が連続値を取る集合であるとき，連続状態確率過程 (continuous state stochastic process) とよんで区別することもある．

t_1 から t_{n-1} で確率過程が取った値が既知という条件の下での，時刻 t_n での状態 $X(t_n)$ の条件付確率

$$P(X(t_n) = j | X(t_1) = i_1, X(t_2) = i_2, \cdots, X(t_{n-1}) = i_{n-1})$$
$$(i_1, \cdots, i_{n-1}, j \in S)$$

は，一般には $t_1, i_1, \cdots, t_{n-1}, i_{n-1}, t_n, j$ の $2n$ 個の変数すべてに依存するが，このうち，条件を与える $2(n-1)$ 個の変数の中で，時間的に最後の条件を与える 2 変数 t_{n-1}, i_{n-1} だけに依存するとき，確率過程は**マルコフ過程** (Markov process) であるという．状態空間が離散集合のマルコフ過程は，特に**マルコフ連鎖** (Markov chain) とよばれることも多く，以下ではこの呼称を用いる．マルコフ連鎖では，この性質により定まる条件付確率

$$p_{ij}^{\mathrm{TR}}(s, t) = P(X(t) = j | X(s) = i) \quad (s < t, \ i, j \in S) \tag{6.5}$$

の全体を**推移確率分布** (transition probability distribution) とよぶ．推移先は状態空間 S のいずれかにあるので，推移確率は明らかに次の関係式を満たす．

$$\sum_{j=0}^{K} p_{ij}^{\mathrm{TR}}(s, t) = 1 \tag{6.6}$$

また，時間間隔ゼロでは状態推移は発生しないので，

$$\lim_{t \to s} p_{ij}^{\mathrm{TR}}(s, t) = \delta_{ij} = \begin{cases} 1 & (i = j) \\ 0 & (i \neq j) \end{cases} \tag{6.7}$$

を満たす．ここで δ_{ij} はクロネッカーのデルタである．

式 (6.5) で与えられるマルコフ連鎖の推移確率は，

$$p_{i\ell}^{\mathrm{TR}}(s, u) = \sum_{j=0}^{K} p_{j\ell}^{\mathrm{TR}}(t, u) p_{ij}^{\mathrm{TR}}(s, t) \tag{6.8}$$

を満たす．これは**チャップマン・コルモゴロフ方程式** (Chapman–Kolmogorov equation) とよばれ，マルコフ連鎖の従う確率分布を導出する際に非常に重要な役割を演ずる．チャップマン・コルモゴロフ方程式は，時間については差分形となっているので，これを微分形に変形しておくと便利である．Δt を微小時間間隔として，$[t, t + \Delta t]$ での推移確率の時間増分

$$\Delta p_{i\ell}^{\mathrm{TR}}(s,t) = p_{i\ell}^{\mathrm{TR}}(s, t+\Delta t) - p_{i\ell}^{\mathrm{TR}}(s,t)$$

を考え,この第 1 項にチャップマン・コルモゴロフ方程式を代入すると,

$$\Delta p_{i\ell}^{\mathrm{TR}}(s,t) = \sum_{j=0}^{K} p_{j\ell}^{\mathrm{TR}}(t, t+\Delta t) p_{ij}^{\mathrm{TR}}(s,t) - p_{i\ell}^{\mathrm{TR}}(s,t)$$

が得られる.ここで,

$$q_{ij}(t) = \lim_{\Delta t \to 0} \frac{p_{ij}^{\mathrm{TR}}(t, t+\Delta t) - p_{ij}^{\mathrm{TR}}(t,t)}{\Delta t} \tag{6.9}$$

を導入すると,式 (6.7) により,$p_{j\ell}^{\mathrm{TR}}(t, t+\Delta t)$ は

$$p_{j\ell}^{\mathrm{TR}}(t, t+\Delta t) = \delta_{i\ell} + q_{i\ell}(t)\Delta t + o(\Delta t)$$

と展開されることになる [*2)]. これを $\Delta p_{i\ell}^{\mathrm{TR}}(s,t)$ の表式に代入して整理すると,

$$\Delta p_{i\ell}^{\mathrm{TR}}(s,t) = \sum_{j=0}^{K} q_{j\ell}(t) p_{ij}^{\mathrm{TR}}(s,t) \Delta t + o(\Delta t)$$

となるので,両辺を Δt で除して $\Delta t \to 0$ の極限を取ることにより,$p_{i\ell}^{\mathrm{TR}}(s,t)$ が t の関数として微分可能であるという条件の下で,チャップマン・コルモゴロフ方程式を時間に関して微分形に変換した次の方程式が得られる.

$$\frac{\partial}{\partial t} p_{i\ell}^{\mathrm{TR}}(s,t) = \sum_{j=0}^{K} q_{j\ell}(t) p_{ij}^{\mathrm{TR}}(s,t) \tag{6.10}$$

これを,コルモゴロフの前進方程式 (Kolmogorov's forward equation) とよぶ.式 (6.10) に対する初期条件は式 (6.7) で与えられる.特に,推移前の時刻を $s=0$ と初期時刻に固定した上で,初期状態 $X(0)=i_0$ $(i_0 \in S)$ を略して

$$p_\ell(t) \equiv p_{i_0\ell}^{\mathrm{TR}}(0,t) \quad (\ell = 0, 1, 2, \cdots, K)$$

と置くと,式 (6.10) は

[*2)] $o(\Delta t)$ は Δt について高位の無限小で,

$$\lim_{\Delta t \to 0} \frac{o(\Delta t)}{\Delta t} = 0$$

を満たす.

$$\frac{d}{dt}p_\ell(t) = \sum_{j=0}^{K} q_{j\ell}(t) p_j(t) \tag{6.11}$$

となる．式 (6.11) は N 元連立の線形微分方程式で，初期条件

$$p_\ell(0) = \delta_{i_0 \ell} \tag{6.12}$$

の下で解くことにより，任意の時刻におけるアイテムの状態の確率分布が得られることになる．

式 (6.9) で定義される $q_{ij}(t)$ は**推移率** (transition rate) とよばれ [*3)]，式 (6.6) により，

$$\sum_{j=0}^{K} q_{ij}(t) = 0 \quad (i = 0, 1, 2, \cdots, K) \tag{6.13}$$

を満たす．したがって，$i = j$ に対しては，

$$q_{ii}(t) = -\sum_{j \neq i} q_{ij}(t) \tag{6.14}$$

と表すことができる点に注意しよう．

推移確率を与える式 (6.5) が，時間変数について時間差 $t-s$ にのみ依存するとき，マルコフ連鎖は**時間一様** (temporally homogeneous) である，あるいは，**同次（斉次）** (homogeneous) であるという．時間一様なマルコフ連鎖では，推移率 $q_{ij}(t)$ は時間 t に依らない定数となるので，これを q_{ij} と表すことにすると，式 (6.11) は次のような定数係数の連立線形微分方程式となる．

$$\frac{d}{dt}p_\ell(t) = \sum_{j=0}^{K} q_{j\ell} p_j(t) \tag{6.15}$$

式 (6.15) の解である確率分布 $\{p_j(t)\}_{j=0,1,\cdots,K}$ が，初期の状態 i_0 に依らずに $t \to \infty$ で時間に依存しない確率分布 $\{p_j^{\mathrm{ST}}\}_{j=0,1,\cdots,K}$ に収束するものとしよう．このような分布が存在するならば，式 (6.15) の左辺の時間微分がゼロとなることから

$$\sum_{j=0}^{K} q_{j\ell} p_j^{\mathrm{ST}} = 0, \quad \sum_{j=0}^{K} p_j^{\mathrm{ST}} = 1 \tag{6.16}$$

[*3)] 推移速度と表現されることもある．

を満たさなければならない．式 (6.16) が解を持つとき，これをマルコフ連鎖の定常分布 (stationary distribution) とよぶ [*4]．

6.2.2 保全度と修理率

修理可能アイテムに対して事後保全とそれに引き続く再稼働を考える場合，アイテムの故障発生後の修理に要する時間についての不確実性を一般には考慮に入れなければならない．事後保全における修理作業が開始されてから終了するまでに要する時間を**修理時間** (repair time) とよび，T_R で表す．アイテムの修理作業に関して確実な予測が難しい場合は，T_R はアイテムの寿命と同じように確率変数と扱われることになる．

修理時間 T_R の確率分布関数

$$G(t) = P(T_\mathrm{R} \leq t) \tag{6.17}$$

を**保全度** (maintenability) とよぶ．$G(t)$ が微分可能であるとき，$g(t) = dG(t)/dt$ は T_R の確率密度関数を与え，T_R の期待値は

$$\mathrm{E}\{T_\mathrm{R}\} = \int_0^\infty t g(t) dt \tag{6.18}$$

で算出される．これを**平均修理時間** (MTTR) という．

アイテムの故障の発生のしやすさを数量化するのに，故障確率関数よりも故障率の方が適していたように，修理の終了しやすさを数量化する場合も同じようなアプローチが有効となる．すなわち，

$$\mu_0(t) = \frac{g(t)}{1 - G(t)} \tag{6.19}$$

を**修理率** (repair rate) と定める．$\mu_0(t)$ は，時刻 t までに修理が終了していないという条件下で，次の瞬間に修理が完了する条件付確率を与えるもので，故障発生における故障率に対応するものである．保全度 $G(t)$ は単調非減少関数であるが，修理率 $\mu_0(t)$ は時間の関数として増加も減少も起こし得る．特に $\mu_0(t) = \mu_0$ (一定) となるときは，修理時間 T_R の従う分布は指数分布となる．

[*4] マルコフ連鎖の定常分布が一意に存在するための条件については，例えば本シリーズ第 1 巻「待ち行列の数理モデル」の付録 B を参照していただきたい．

6.2.3　1つの要素から成るアイテムの場合

アイテムを構成する要素が1つで，その寿命（故障までの時間）がパラメーター λ_0 の指数分布，修理時間がパラメーター μ_0 の指数分布に従うものとし，これらは共に故障の発生履歴および修理の履歴には依らないものとする．予防保全は行わず，事後保全のみを行うものとし，状態「0」をアイテムが故障していない（稼働している）状態，「1」を故障している状態とする．故障が発生すると状態が0から1に移動し，修理が終了すると1から0に移動する．

このとき，寿命の確率分布および修理時間の確率分布が共に過去の履歴に依存しないことから，アイテムの状態の時間推移は時間一様なマルコフ連鎖を形成する．仮定によりアイテムの寿命はパラメーター λ_0 の指数分布に従うので，$q_{01}(t) = \lambda_0$（一定）が得られる．同様にして，$q_{10}(t) = \mu_0$（一定）が得られる．したがって，式 (6.14) を用いると，推移率 q_{ij} は

$$q_{00} = -\lambda_0, \quad q_{01} = \lambda_0, \quad q_{10} = \mu_0, \quad q_{11} = -\mu_0$$

となるので，コルモゴロフの前進方程式は次式となる．

$$\begin{cases} \dfrac{d}{dt}p_0(t) = -\lambda_0 p_0(t) + \mu_0 p_1(t) \\ \dfrac{d}{dt}p_1(t) = \lambda_0 p_0(t) - \mu_0 p_1(t) \end{cases} \quad (6.20)$$

初期時刻 $t=0$ ではアイテムは故障していないので，初期条件は

$$p_0(0) = 1, \quad p_1(0) = 0 \quad (6.21)$$

である．

図 6.1 は，推移率 q_{ij} を用いて，マルコフ連鎖としてのアイテムの状態の時間推移を図示したものである．図中，矢印に付された式は，微小時間 Δt 間で矢印の方向に状態が推移する確率を与え，□で示した状態は，アイテムが故障で稼働できない状態を表している．

式 (6.20) の第1式から第2式を減ずると，

$$\frac{d}{dt}\{p_0(t) - p_1(t)\} = -2\lambda_0 p_0(t) + 2\mu_0 p_1(t)$$

となるが，$p_0(t) + p_1(t) = 1$ を用いて，

6.2 マルコフ連鎖モデルを用いたアベイラビリティ解析

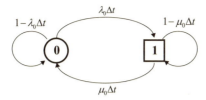

図 6.1 1つの要素から成るアイテムにおけるマルコフ状態推移図

$$p_0(t) = \frac{1}{2}\{p_0(t) + p_1(t)\} + \frac{1}{2}\{p_0(t) - p_1(t)\} = \frac{1}{2} + \frac{1}{2}\{p_0(t) - p_1(t)\}$$

$$p_1(t) = \frac{1}{2}\{p_0(t) + p_1(t)\} - \frac{1}{2}\{p_0(t) - p_1(t)\} = \frac{1}{2} - \frac{1}{2}\{p_0(t) - p_1(t)\}$$

と変形したものを右辺に代入することにより，$p_0(t) - p_1(t)$ に対する常微分方程式

$$\frac{d}{dt}\{p_0(t) - p_1(t)\} = -(\lambda_0 + \mu_0)\{p_0(t) - p_1(t)\} + (-\lambda_0 + \mu_0)$$

が得られる．これを初期条件 $p_0(0) - p_1(0) = 1 - 0 = 1$ の下で解くことにより，

$$p_0(t) - p_1(t) = \frac{2\lambda_0}{\lambda_0 + \mu_0}e^{-(\lambda_0+\mu_0)} + \frac{-\lambda_0 + \mu_0}{\lambda_0 + \mu_0}$$

を得ることができるので，$p_0(t) + p_1(t) = 1$ と連立させることにより，最終的に式 (6.20) の解が次のように得られる．

$$\begin{cases} p_0(t) = \dfrac{\mu_0}{\lambda_0 + \mu_0} + \dfrac{\lambda_0}{\lambda_0 + \mu_0}e^{-(\lambda_0+\mu_0)t} \\ p_1(t) = \dfrac{\lambda_0}{\lambda_0 + \mu_0} - \dfrac{\mu_0}{\lambda_0 + \mu_0}e^{-(\lambda_0+\mu_0)t} \end{cases} \quad (6.22)$$

状態 0 にあるときがアイテムの稼働可能状態であることから，アイテムの瞬間アベイラビリティは次のようになることがわかる．

$$A(t) = p_0(t) = \frac{\mu_0}{\lambda_0 + \mu_0} + \frac{\lambda_0}{\lambda_0 + \mu_0}e^{-(\lambda_0+\mu_0)t} \quad (6.23)$$

したがって，定常アベイラビリティは次式となる．

$$\lim_{t \to \infty} A(t) = \frac{\mu_0}{\lambda_0 + \mu_0} \quad (6.24)$$

例題 6.1 式 (6.16) を解くことにより式 (6.24) を導け．

[解答] 式 (6.16) の第 1 式より

$$-\lambda_0 p_0^{\mathrm{ST}} + \mu_0 p_1^{\mathrm{ST}} = 0 \implies p_1^{\mathrm{ST}} = \frac{\lambda_0}{\mu_0} p_0^{\mathrm{ST}}$$

が得られるので，これを第 2 式である $p_0^{\mathrm{ST}} + p_1^{\mathrm{ST}} = 1$ と連立させることにより，

$$p_0^{\mathrm{ST}} = \frac{\mu_0}{\lambda_0 + \mu_0}$$

が得られる．

□

例題 6.2 このアイテムの固有アベイラビリティは，定常アベイラビリティに一致することを示せ．

[解答] 寿命がパラメーター λ_0 の指数分布，修理時間がパラメーター μ_0 の指数分布に従うことから，

$$\mathrm{MTBF} = \frac{1}{\lambda_0}, \quad \mathrm{MTTR} = \frac{1}{\mu_0}$$

となるので，これらを式 (6.2) に代入することにより，

$$A_{\mathrm{i}} = \frac{1/\lambda_0}{1/\lambda_0 + 1/\mu_0} = \frac{\mu_0}{\lambda_0 + \mu_0}$$

となり，定常アベイラビリティに一致する．

□

6.2.4　2 つの要素から成る直列システムの場合

2 つの要素 1 と 2 が直列システムを構成する図 6.2 に示したようなアイテムを考え，以下の点を仮定する．

- 要素 1 と 2 は共に寿命がパラメーター λ_0 の指数分布に従う．
- 故障時の修理時間は，共にパラメーター μ_0 の指数分布に従う．
- 要素 1 と 2 の故障発生は独立である．
- 一方の要素が故障で修理中は，もう一方の要素は稼働を停止しておく．

これらのうち，第 4 の仮定は，システムが直列システムであるため，一方が修理中の場合はアイテムは稼働不可能となる点を考慮してのものであるが，この間も稼働中と同じように信頼度が低下していくという状況下ではこの仮定は修

図 **6.2** 2 つの要素から成る直列システム

正する必要がある．

アイテムの取り得る状態を以下のように定義する．

$$\begin{cases} 状態0: & 要素1, 2共に故障していない \\ 状態1: & 要素1が故障して修理中（要素2は待機中） \\ 状態2: & 要素2が故障して修理中（要素1は待機中） \end{cases}$$

状態 0 から状態 1 への推移，および，状態 0 から状態 2 への推移は，それぞれが要素が 1 つのケースでの故障発生による状態推移と同じであり，逆に状態 1 から状態 0 への推移，および，状態 2 から状態 0 への推移も，それぞれが要素が 1 つのケースでの修理の終了による状態推移と同じである．また，一方の要素が修理中の間はもう一方の要素は休止するという仮定により，状態 1 と状態 2 の間の状態推移は起こらない．したがって，q_{ij} は $i \neq j$ については，

$$q_{01} = q_{02} = \lambda_0, \quad q_{10} = q_{20} = \mu_0, \quad q_{12} = q_{21} = 0$$

であり，式 (6.14) を用いると，

$$q_{00} = -2\lambda_0, \quad q_{11} = q_{22} = -\mu_0$$

が得られる．以上より，コルモゴロフの前進方程式は次のようになる．

$$\begin{cases} \dfrac{d}{dt}p_0(t) = -2\lambda_0 p_0(t) + \mu_0 p_1(t) + \mu_0 p_2(t) \\ \dfrac{d}{dt}p_1(t) = \lambda_0 p_0(t) - \mu_0 p_1(t) \\ \dfrac{d}{dt}p_2(t) = \lambda_0 p_0(t) - \mu_0 p_2(t) \end{cases} \quad (6.25)$$

初期時刻 $t = 0$ ではアイテムは故障していないので，初期条件は

$$p_0(0) = 1, \quad p_1(0) = 0, \quad p_2(0) = 0 \quad (6.26)$$

である．

このアイテムの状態推移図は図 6.3 のようになる．直列システムを構成しているので，状態 1 および状態 2 が故障状態となる．

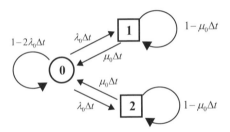

図 6.3 2つの要素から成る直列システムにおけるマルコフ状態推移図

例題 6.3 例題 6.1 と同様の方法により,このアイテムの定常アベイラビリティを導出せよ.

[解答] 式 (6.16) の第 1 式より

$$p_1^{\mathrm{ST}} = \frac{\lambda_0}{\mu_0} p_0^{\mathrm{ST}}, \quad p_2^{\mathrm{ST}} = \frac{\lambda_0}{\mu_0} p_0^{\mathrm{ST}}$$

が得られるので,これを第 2 式である $p_0^{\mathrm{ST}} + p_1^{\mathrm{ST}} + p_2^{\mathrm{ST}} = 1$ と連立させることにより,

$$p_0^{\mathrm{ST}} = \frac{\mu_0}{2\lambda_0 + \mu_0}$$

が得られる.したがって,アイテムの定常アベイラビリティは次式となる.

$$A_{\mathrm{ST}} = \frac{\mu_0}{2\lambda_0 + \mu_0} \tag{6.27}$$

□

6.2.5　2つの要素から成る並列システムの場合

2つの要素 1 と 2 が並列システムを構成する図 6.4 に示したようなアイテムを考え,以下の点を仮定する.

- 要素 1 と 2 は共に寿命がパラメーター λ_0 の指数分布に従う.
- 故障時の修理時間は,共にパラメーター μ_0 の指数分布に従う.
- 要素 1 と 2 の故障発生は独立である.
- 一方の要素が故障で修理中の場合,もう一方の要素が故障しても,直ちに修理を受けることはできない.修理中の要素の修理が終了次第修理を受けることができる.

図 6.4 2 つの要素から成る並列システム

これらのうち，第 4 の仮定は，修理を受け付ける窓口が 1 つであることを前提とするもので，これが複数である場合はこの仮定は修正する必要がある．

アイテムの取り得る状態を以下のように定義する．

$$\begin{cases} 状態\,0: & 要素\,1, 2\,共に故障していない \\ 状態\,1: & 要素\,1\,が正常で，要素\,2\,が故障して修理中 \\ 状態\,2: & 要素\,2\,が正常で，要素\,1\,が故障して修理中 \\ 状態\,3: & 要素\,1\,が修理中で，要素\,2\,が修理待ち \\ 状態\,4: & 要素\,2\,が修理中で，要素\,3\,が修理待ち \end{cases}$$

推移率 q_{ij} は，$i \neq j$ については，直列システムの場合と同様に考えて，

$$q_{01} = \lambda_0 \quad q_{02} = \lambda_0 \quad q_{03} = 0 \quad q_{04} = 0$$
$$q_{10} = \mu_0 \quad q_{12} = 0 \quad q_{13} = 0 \quad q_{14} = \lambda_0$$
$$q_{20} = \mu_0 \quad q_{21} = 0 \quad q_{23} = \lambda_0 \quad q_{24} = 0$$
$$q_{30} = 0 \quad q_{31} = \mu_0 \quad q_{32} = 0 \quad q_{34} = 0$$
$$q_{40} = 0 \quad q_{41} = 0 \quad q_{42} = \mu_0 \quad q_{43} = 0$$

となるので，式 (6.14) を用いると，

$$q_{00} = -2\lambda_0, \quad q_{11} = q_{22} = -(\lambda_0 + \mu_0), \quad q_{33} = q_{44} = -\mu_0$$

が得られる．したがって，コルモゴロフの前進方程式は次のようになる．

$$\begin{cases} \dfrac{d}{dt}p_0(t) = -2\lambda_0 p_0(t) + \mu_0 p_1(t) + \mu_0 p_2(t) \\ \dfrac{d}{dt}p_1(t) = \lambda_0 p_0(t) - (\lambda_0 + \mu_0)p_1(t) + \mu_0 p_3(t) \\ \dfrac{d}{dt}p_2(t) = \lambda_0 p_0(t) - (\lambda_0 + \mu_0)p_2(t) + \mu_0 p_4(t) \\ \dfrac{d}{dt}p_3(t) = \lambda_0 p_2(t) - \mu_0 p_3(t) \\ \dfrac{d}{dt}p_4(t) = \lambda_0 p_1(t) - \mu_0 p_4(t) \end{cases} \quad (6.28)$$

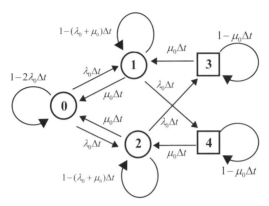

図 6.5　2つの要素から成る並列システムにおけるマルコフ状態推移図

このアイテムの状態推移図は図 6.5 のようになる．並列システムを構成しているので，2つの要素が共に稼働不能である，状態3および状態4が故障状態となる．

6.2.6　マルコフ連鎖モデルに対する一般的な解法

6.2.3 項～6.2.5 項で構成したモデルを一般化し，システムは各要素の故障の状況，ならびに，各要素の故障がシステム全体に与える影響を考慮に入れて，状態ゼロから状態 K まで $(K+1)$ 個の状態が設定されており，状態間の推移は時間一様であるものとする．特に，状態ゼロは，すべての要素が故障していない状態を表すものとしておく．6.2.3 項～6.2.5 項で用いた記号と同様に，時刻 t でシステムの状態が i $(i = 0, 1, \cdots, K)$ にある確率を $p_i(t)$ とし，これを i 番目の要素にした $(K+1)$ 次元の列ベクトルを $p(t) = (p_0(t), p_1(t), \cdots, p_K(t))^\top$ とする（記号 ⊤ はベクトルの転置を表す）．式 (6.15) により，コルモゴロフの前進方程式は次の形を取る．

$$\frac{d}{dt}p(t) = Qp(t), \quad Q = \begin{bmatrix} q_{00} & q_{10} & \cdots & q_{K0} \\ q_{01} & q_{11} & \cdots & q_{K1} \\ \vdots & \vdots & \ddots & \vdots \\ q_{0K} & q_{1K} & \cdots & q_{KK} \end{bmatrix} \quad (6.29)$$

係数行列 Q が異なる $(K+1)$ 個の固有値 $\xi_0, \xi_1, \cdots, \xi_K$ を持つものとし，

固有値 ξ_k に対する固有ベクトルを $u^{(k)}$ とする．また，$(K+1)$ 個の固有ベクトル $u^{(0)}, u^{(1)}, \cdots, u^{(K)}$ は 1 次独立であるものとしておく．このとき，$p^{(k)}(t) = u^{(k)} \mathrm{e}^{\xi_k t}$ は式 (6.29) の 1 つの解となっている．なぜならば，固有値 ξ_k に対する A の固有ベクトルが $u^{(k)}$ であることから $Au^{(k)} = \xi_k u^{(k)}$ が成立するので，

$$\frac{d}{dt} p^{(k)}(t) = \xi_k u^{(k)} \mathrm{e}^{\xi_k t} = Au^{(k)} \mathrm{e}^{\xi_k t} = Ap^{(k)}(t)$$

となるからである．式 (6.29) は線形の方程式であるので，これらの 1 次結合

$$p(t) = \sum_{k=0}^{K} \alpha_k p^{(k)}(t) = \sum_{k=0}^{K} \alpha_k u^{(k)} \mathrm{e}^{\xi_k t} \tag{6.30}$$

により，一般解を構成することができる．係数 $\alpha_0, \cdots, \alpha_K$ は，初期条件

$$\sum_{k=1}^{K} \alpha_k u^{(k)} = p(0) \tag{6.31}$$

を満たすように定められる．初期にすべての要素が故障していなければ，$p(0) = (1, 0, \cdots, 0)^\top$ である．

式 (6.14) により，

$$(1, 1, \cdots, 1) Q = 0$$

であるから，行列 Q は左固有値としてゼロを持つ．したがって，Q は必ず固有値ゼロを持つので，これを $\xi_0 = 0$ としておくと，一般解は

$$p(t) = \alpha_0 u^{(0)} + \sum_{k=1}^{K} \alpha_k u^{(k)} \mathrm{e}^{\xi_k t} \tag{6.32}$$

となる．したがって，固有値 $\xi_1, \cdots, \xi_K$ がすべて負であれば，$\mathrm{e}^{\xi_k t} \to 0$ となるので，

$$\lim_{t \to \infty} p(t) = \alpha_0 u^{(0)} \tag{6.33}$$

が得られる．すなわち，$\alpha_0 u^{(0)}$ が定常分布を与えることになる．

例題 6.4 6.2.4 項で得られたコルモゴロフの前進方程式 (6.25) の解を，この方法を用いて求めよ．

[解答] この場合，係数行列 Q は，

$$Q = \begin{bmatrix} -2\lambda_0 & \mu_0 & \mu_0 \\ \lambda_0 & -\mu_0 & 0 \\ \lambda_0 & 0 & -\mu_0 \end{bmatrix}$$

となるので，その固有値を求めると，$\xi_0 = 0$, $\xi_1 = -\mu_0$, $\xi_2 = -(2\lambda_0 + \mu_0)$ であり，固有ベクトルはそれぞれ $u^{(0)} = (1, \lambda_0/\mu_0, \lambda_0/\mu_0)^\top$, $u^{(1)} = (0, 1, -1)^\top$, $u^{(2)} = (2, -1, -1)^\top$ となる（これらの実数倍を取ってもよい）．したがって，α_0, α_1, α_2 は，

$$\alpha_0 \begin{bmatrix} 1 \\ \lambda_0/\mu_0 \\ \lambda_0/\mu_0 \end{bmatrix} + \alpha_1 \begin{bmatrix} 0 \\ 1 \\ -1 \end{bmatrix} + \alpha_1 \begin{bmatrix} 2 \\ -1 \\ -1 \end{bmatrix} = \begin{bmatrix} 1 \\ 0 \\ 0 \end{bmatrix}$$

を解くことにより得られ，

$$\alpha_0 = \frac{1}{1 + 2\lambda_0/\mu_0}, \quad \alpha_1 = 0, \quad \alpha_2 = \frac{\lambda_0/\mu_0}{1 + 2\lambda_0/\mu_0}$$

となる．これより式 (6.25) の解は次式となる．

$$\begin{bmatrix} p_0(t) \\ p_1(t) \\ p_2(t) \end{bmatrix} = \begin{bmatrix} \dfrac{1}{1 + 2\rho_0} \\ \dfrac{\rho_0}{1 + 2\rho_0} \\ \dfrac{\rho_0}{1 + 2\rho_0} \end{bmatrix} + \begin{bmatrix} \dfrac{2\rho_0}{1 + 2\rho_0} \\ -\dfrac{\rho_0}{1 + 2\rho_0} \\ -\dfrac{\rho_0}{1 + 2\rho_0} \end{bmatrix} e^{-(2\lambda_0 + \mu_0)t}$$

ただし，$\rho_0 = \lambda_0/\mu_0$ である．

□

演 習 問 題

問題 6.1 6.2.4 項の直列システムにおいて，要素 1 の寿命がパラメーター λ_1 の指数分布に，要素 2 の寿命分布がパラメーター λ_2 の指数分布にそれぞれ従う場合について，以下の問に答えよ．ただし，要素 1，要素 2 共に故障時間の分布はパラメーター μ_0 の指数分布で同一であるものとする．

1) コルモゴロフの前進方程式を導出せよ．

2) 各状態の定常分布を求めよ．
3) この直列システムの定常アベイラビリティを求めよ．

問題 6.2 6.2.4 項の直列システムにおいて，要素 1，2 共に寿命がパラメーター λ の指数分布に従うが，それぞれ故障した際の修理に 2 段階の手順が必要であり，故障した要素はまず修理 1 の手続きが行われ，それが修了したら修理 2 の手続きにまわされる．修理 2 の手続きが終了したら稼働状態に戻る．修理 1 に要する時間がパラメーター μ_1 の指数分布に，修理 2 に要する時間がパラメーター μ_2 の指数分布にそれぞれ従い，2 つの修理手続きは統計的に独立とみなせるものとする．また，一方の要素が故障して修理されている間は，もう一方の要素は稼働を停止して待機するものとする．

システムの状態を次のように定義するものとして，以下の問に答えよ．

$$\begin{cases} 状態 0: & 要素 1, 2 共に故障していない \\ 状態 1: & 要素 1 が修理 1 を受けている（要素 2 は待機中）\\ 状態 2: & 要素 1 が修理 2 を受けている（要素 2 は待機中）\\ 状態 3: & 要素 2 が修理 1 を受けている（要素 1 は待機中）\\ 状態 4: & 要素 2 が修理 2 を受けている（要素 1 は待機中）\end{cases}$$

1) コルモゴロフの前進方程式を導出せよ．
2) このシステムの定常アベイラビリティを求めよ．

問題 6.3 例題 6.1 の方法を用いて，6.2.5 項で述べた並列システムについて以下の問に答えよ．

1) 各状態の定常分布を求めよ．
2) この並列システムの定常アベイラビリティを求めよ．

問題 6.4 例題 5.5 の 2 要素待機冗長システムにおいて，要素 1，要素 2 共に寿命がパラメーター λ の指数分布に従うものとする．要素 1，要素 2 に対する修理時間は，パラメーター μ の指数分布に従い，2 つを同時に修理することはできないものとする．たとえば，要素 1 が故障して修理中に要素 2 が故障した場合，要素 2 の修理は要素 1 の修理が終了した後に開始されるものとする．システムの状態を次のように定義するものとして，以下の問に答えよ．

$$\begin{cases} 状態0: & 要素1, 2共に故障していない（要素2は待機中）\\ 状態1: & 要素1が修理中で要素2が稼働\\ 状態2: & 要素2が修理中で要素1が稼働\\ 状態3: & 要素1が修理中で要素2が修理待ち\\ 状態4: & 要素2が修理中で要素1が修理待ち \end{cases}$$

1) コルモゴロフの前進方程式を導出せよ.
2) このシステムの定常アベイラビリティを求めよ.

CHAPTER 7 構 造 信 頼 性

■■ 7.1 ストレス-強度モデルと安全係数 ■■

　構造材料や機械材料の強度特性には，製造工程において制御しきれないようなばらつきがあることは古来より認識されてきていたが，その構造健全性や構造システムの安全性を信頼性の概念により評価・解析するという方法は，比較的最近まで取られてこなかった．信頼性の観点に直接依らずに，材料強度のばらつきに対する安全性確保の手段として用いられてきているのが，**安全係数** (safety factor) とよばれる考え方である [*1)]．

　構造システムが所定の機能を失う原因はさまざまであるが，ここでは，構造強度あるいは構造システムを構成する材料強度が，外部より負荷される荷重に対して構造健全性を保てない状態に陥り，システムの機能が失われる場合に限定して考えることとしよう．このような機能喪失は，構造物あるいは構造材料の物理的な破壊に対応することが多いので，この分野の慣例に従って本章では「故障」の代わりに「破壊」という用語を用いる．破壊の発生の詳細なメカニズムは，破壊の形態によって異なってくるため，破壊が発生する条件を正確に定式化するのは実はそれほど容易ではない．しかし，構造システムに負荷される「力」あるいはそれに相当する物理量が，そのシステムの「耐力」を上回ることにより破壊が発生するという基本的な図式は，およそすべての破壊現象について共通であると考えてよい．

[*1)] 安全係数は，比率を数値化したことを強調するために，**安全率**ともよばれている．

表 7.1 主な工業材料の引張強さにおける安全係数

材料名	荷重状況	安全係数	材料名	荷重状況	安全係数
鋳鉄	静荷重	4	銅	静荷重	5
	動荷重（繰返し片振り）	6		動荷重（繰返し片振り）	6
	動荷重（繰返し両振り）	10		動荷重（繰返し両振り）	9
	動荷重（衝撃荷重）	15		動荷重（衝撃荷重）	15
軟鋼	静荷重	3	木材	静荷重	7
	動荷重（繰返し片振り）	5		動荷重（繰返し片振り）	10
	動荷重（繰返し両振り）	8		動荷重（繰返し両振り）	15
	動荷重（衝撃荷重）	12		動荷重（衝撃荷重）	20
鋳鋼	静荷重	3			
	動荷重（繰返し片振り）	6			
	動荷重（繰返し両振り）	8			
	動荷重（衝撃荷重）	15			

構造システムの強度を R（Resistance の頭文字），その構造システムに加わる荷重（または応力）を S（応力を意味する Stress の頭文字）とするとき，$R > S$ であればシステムは「安全 (safe)」で，$R < S$ であれば「破壊 (failure)」となる．構造物に負荷される応力 (stress) が，構造物の強度 (strength) を上回るか否かにより破壊の発生を判定するため，ストレス-強度モデル (stress-strength model)，あるいは頭文字を取って **SS モデル**というよび方をすることもある．したがって，R が S に比べてどれぐらい大きいかが，システムの安全性の「余裕」を表す．そこで，

$$\beta = \frac{R}{S} \tag{7.1}$$

をそのような余裕の指標として定め，これを**安全係数** (safety factor) とよぶ．当然，$\beta > 1$ が満たされているように安全係数は選定されなければならない．表 7.1 に，主な工業材料の引張強さにおいて目安として広く用いられている安全係数の数値を示す[*2)]．表 7.1 からわかるように，強度の制御が難しい木材のような材料では通常安全係数を非常に大きく取るべきとされているが，このことに対して明確な理論的根拠があるというわけではない．安全係数は，構造強度や外部より負荷される荷重に，避けることの難しいばらつきが存在すること

[*2)] 表 7.1 はアンウィン (W. C. Unwin) により提案された手法に基づくもので，非常に簡単な影響因子のみを考慮している手法であるため，現在ではこれらの数値にさらに影響因子を細かく取り入れたものを利用することが多い．

を経験的に認識して導入されたものであり,そのばらつきの大きさについては直接的な評価を行わず,安全係数の数値のみで安全設計を実現させるという特徴を有している.

7.2 構造信頼性の概念とその数学的定式化

7.2.1 安全係数から信頼性へ

前節で述べたように,安全係数の設定は,過去のデータの蓄積と経験に依るところが非常に大きく,理論的根拠が著しく乏しいと言わざるを得ない.このため,新しく開発された材料を使用する場合や,過去に事例のないような構造システムを新たに構築するような場合は,改めてデータの蓄積を行う必要があり,構造システムの多様化への対応は良好であるとは言い難い.特に,大型の構造システムの多くは単産品であるため,類似のシステムを見出すのも困難であるというケースも起こり得る.こういった問題に対応するために,フロイデンタールが,安全係数の算定に信頼性工学の考え方を適用し,破損確率に基づいて安全係数を決定すべきであるという理論[35]を構築した.これが今日**構造信頼性** (structural safety) とよばれるものの原型となっている.

ストレス-強度モデルに基づいて,信頼性の概念がなぜ必要となるかを考えてみよう.想定される範囲内で,最も大きな荷重が負荷されると考えられる状況について計算される荷重を**設計荷重** (design load) とよび,これを荷重値として設計が行われる.しかし,巨大地震で発生する荷重値のように,「最大」の想定が困難なケースも多いことに加え,最も大きいとした想定自体に誤差が生じていることもある.こういったさまざまな不確実さを考慮して,荷重値は,ある確率分布に従う不確実な量であると考える必要がある.一方,構造システムの各部材を構成する材料の強度を,目標値に等しい値にすることは一般には困難で,程度の差はあれ強度のばらつきは必ず生じてしまう.したがって,強度値も,ある確率分布に従う不確実な量であると考える必要がある.このような考え方の下では,安全係数の算出における荷重値は,不確実さを伴う荷重の確率分布の,ある種の代表値を表しているに過ぎないと判断しなければならない.同様に,安全係数の算定における材料強度は,強度の従う確率分布から,ある

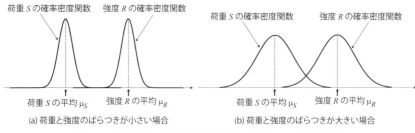

図 7.1 荷重と強度がそれぞれ分布する場合の中央安全係数

種の代表値を抽出したものであると解釈しなければならない．これらの代表値が，平均値であるとした場合の安全係数の算出の様子を模式的に描いたのが図 7.1 である．このように平均値に基づいて算出された安全係数は，**中央安全係数**とよばれる．

しかし，中央安全係数には荷重および強度の確率分布におけるばらつきの大きさが反映されていないため，同じ中央安全係数を設定したとしても，構造材料の安全性は異なったものとなる可能性がある．例えば，図 7.1 (b) のように両者のばらつきが大きい場合は，同じ中央安全係数でも破壊の生起する可能性が高くなってしまう．安全係数を用いた評価では，これらの違いを定量的に表現することが困難であることをフロイデンタールは主張したのである．

7.2.2　破壊確率の定式化の基本

信頼性工学においては，信頼度は時間と共に変動し得ると考えるのが一般的であるが，構造システムの信頼性解析においては，システムの状態の時間変動を考慮せず，破壊確率が時間に依らないと考えることも多い．例えば，金属材料やコンクリート材料などでは稼働環境が非常に厳しいような特別の場合を除けば，数年程度か，あるいはそれ以上の時間をかけて劣化による強度の低下が進行していくのが普通であるため，比較的短時間での構造システムの状態変化を対象とする限りにおいては，時間に依らない解析が十分に意味を持ってくる [3]．

---

[3] システムの状態が時間に依らないとして信頼性解析を行う場合を**時間非依存型信頼性解析** (time-independent reliability analysis) とよび，時間による場合を**時間依存型信頼性解析** (time-dependent reliability analysis) とよんで区別することも多い．こういった分類は，構造システムを対象とした信頼性解析特有のものである．

この想定の下に，構造物の強度 R，負荷される荷重 S は共に時間には依存しないものとし，それぞれの確率分布関数を $F_R(x)$, $F_S(x)$, 密度関数を $f_R(x)$, $f_S(x)$ とする．ここで，R と S は独立であると仮定できるものとすると，全確率の公式により次式が成立する．

$$p_f = P(R-S \leq 0) = \int_0^\infty P(R-S \leq 0|S=y)f_S(y)dy$$
$$= \int_0^\infty P(R \leq y)f_S(y)dy$$

これより，破壊確率は次式で与えられることがわかる．

$$p_f = \int_0^\infty F_R(y)f_S(y)dy \tag{7.2}$$

ただし，R あるいは S の確率分布を，正規分布のように分布領域が $(-\infty, \infty)$ となる分布とした場合は，式 (7.2) の積分の下限は $-\infty$ とする必要がある．

例題 7.1 構造物の強度 R がパラメーター λ_R の指数分布，負荷される応力 S がパラメーター λ_S の指数分布に従い，両者は独立で，共に時間には依存しないものとする．この場合の破壊確率 p_f を，λ_R と λ_S で表せ．

[解答] 式 (7.2) に，$F_R(y) = 1 - e^{-\lambda_R y}$, $f_S(y) = \lambda_S e^{-\lambda_S y}$ を代入すると

$$p_f = \int_0^\infty \left(1 - e^{-\lambda_R y}\right) \lambda_S e^{-\lambda_S y} dy = 1 - \frac{\lambda_S}{\lambda_R + \lambda_S} = \frac{\lambda_R}{\lambda_R + \lambda_S}$$

□

例題 7.2 構造物の強度 R が，正規分布 $N(m_R, \sigma_R^2)$ に，負荷される応力 S が正規分布 $N(m_S, \sigma_S^2)$ にそれぞれ従い，両者は独立で，共に時間には依存しないものとする．この場合の破壊確率 p_f を，m_R, m_S, σ_R, σ_S で表せ．

[解答] 正規分布の有する対称性により，$-S$ は平均が $-m_S$, 分散が σ_S^2 の正規分布に従うことに注意すると，$R - S = R + (-S)$ は，正規分布の再生性により，平均が $m_R + (-m_S) = m_R - m_S$, 分散が $\sigma_R^2 + \sigma_S^2$ の正規分布に従う確率変数となる．破壊確率は，$R - S < 0$ となる確率に等しいので，

$$p_f = \Phi\left(\frac{-(m_R - m_S)}{\sqrt{\sigma_R^2 + \sigma_S^2}}\right)$$

が得られる．ここで，Φ は標準正規分布関数である．

□

例題 7.3　構造物の強度 R が，対数正規分布 $\mathrm{LN}(m_{LR}, \sigma_{LR})$ に，負荷される応力 S が対数正規分布 $\mathrm{LN}(m_{LS}, \sigma_{LS})$ にそれぞれ従い，両者は独立で，共に時間には依存しないものとする．この場合の破壊確率 p_f を，m_{LR}，m_{LS}，σ_{LR}，σ_{LS} で表せ．

[解答]　Z_R を正規分布 $\mathrm{N}(m_{LR}, \sigma_{LR}^2)$ に従う確率変数，Z_S を正規分布 $\mathrm{N}(m_{LS}, \sigma_{LS}^2)$ に従う確率変数で独立であるものとすると，$R = \mathrm{e}^{Z_R}$，$S = \mathrm{e}^{Z_S}$ と表すことができるので，

$$p_f = P(R - S \leq 0) = P\left(\mathrm{e}^{Z_R} \leq \mathrm{e}^{Z_S}\right) = P(Z_R \leq Z_S)$$

が成立する．したがって，例題 7.2 の結果をそのまま適用できるので，次式が得られる．

$$p_f = \Phi\left(\frac{-(m_{LR} - m_{LS})}{\sqrt{\sigma_{LR}^2 + \sigma_{LS}^2}}\right)$$

□

例題 7.4　構造システムが n 個の構成要素から成り，それぞれの要素の強度が，形状パラメーターが α，尺度パラメーターが β の 2 パラメーターのワイブル分布に従うものとする．n 個の構成要素のうち 1 つでも破壊すると，この構造システム全体が破壊するような構成になっており，各構成要素の破壊は独立に発生するものとする．以下の問に答えよ．

1) この構造システム全体の強度の確率分布を求めよ．
2) この構造システムに作用する荷重が，形状パラメーターが同じ α，尺度パラメーターが γ の 2 パラメーターのワイブル分布に従うとき，破壊確率 p_f を求めよ．

[解答]

1) システム全体の強度 R は，式 (2.31) の最小値の分布が適用できるので，その確率分布関数は次式となる．

$$P(R \leq x) = 1 - \left[\exp\left\{-\left(\frac{x}{\beta}\right)^\alpha\right\}\right]^n = 1 - \exp\left\{-\left(\frac{x}{\beta n^{-1/\alpha}}\right)^\alpha\right\}$$

すなわち，R は形状パラメーターが α，尺度パラメーターが $\beta n^{-1/\alpha}$ の2パラメーターのワイブル分布に従う．

2) 1) の結果と，荷重 S の確率密度関数 $f_S(x) = \dfrac{\alpha x^{\alpha-1}}{\gamma^\alpha} \exp\left\{-\left(\dfrac{x}{\gamma}\right)^\alpha\right\}$ を式 (7.2) に代入して積分を計算することにより，

$$p_f = \int_0^\infty \left\{1 - e^{-(x/\beta n^{-1/\alpha})^\alpha}\right\} \frac{\alpha x^{\alpha-1}}{\gamma^\alpha} e^{-(x/\gamma)^\alpha} dx$$

$$= 1 - \frac{1}{\gamma^\alpha \left(1/\beta^\alpha + 1/\gamma^\alpha\right)} = \frac{n\gamma^\alpha}{\beta^\alpha + n\gamma^\alpha}$$

が得られる．

□

例題 7.4 のようなモデルにより構造システム全体の破壊を記述するものを，**最弱リンクモデル** (weakest link model) とよぶ．

7.3　1次近似2次モーメント法

最も単純なストレス-強度モデルでは，2変量の確率変数を考慮すればよいが，一般の構造システムでは，多くの構造材料が組み合わされたシステムであるために，より多数の強度変数が必要であり，さらに荷重の負荷形態も一般には複雑であるから，単一の確率変数だけで記述することは難しい．このような状況に対応するために，複数の強度変数，および，複数の荷重（応力）変数によりシステム状態が記述されるものとし，システムの状態を表す確率変数をベクトル型で $X = (X_1, \cdots, X_n)$ とする．各 X_i は一般の確率分布（正規分布とは限らない）に従う確率変数で，統計的相関も持ち得るものとする．ただし，7.2.2 項と同様に，簡単のため対象とする構造システムの状態の時間変動は考えないものとする．

システムの状態 X の同時確率密度関数を $f_X(x_1, \cdots, x_n)$ とする．システムが破壊（故障）となる領域 D_f が

$$D_f = \{X; L(X_1, \cdots, X_n) \leq 0\} \tag{7.3}$$

と表されているものとする．関数 L はシステムの破壊形態に応じて定まる関数である．近年の構造システムの設計においては，**限界状態設計** (limit state design) の考え方に基づくことが多く,この設計概念に沿って関数 L を定めるとき,**限界状態関数** (limit state function) という.また,破壊領域 D_f と安全領域との境界面となる $\{X; L(X) = 0\}$ を**限界状態曲面** (limit state surface) という.

以上の設定の下では,システムの破壊確率 p_f は,次式で与えられる.

$$p_f = \int \cdots \int_{L(x_1,\cdots,x_n) \leq 0} f_X(x_1, x_2, \cdots, x_n) dx_1 dx_2 \cdots dx_n \quad (7.4)$$

実際のシステムでは,システムの次元 n は大きな値を取るため,式 (7.4) を数値積分で計算するのは非常に難しい[*4].特に,システムの破壊確率 p_f としては非常に小さな値が要求されるため,数値評価においては,推定値と誤差が同じ程度の大きさとなってしまうこともめずらしくない.このため,数値積分を適用し得る場合であっても,精度よく数値評価することは一般に容易ではない.そこで,システマティックな近似評価手法を用いることを考える.

X から別の確率変数 $Y = (Y_1, Y_2, \cdots, Y_n)$ への変換で,変換後の Y が,(i) 各 Y_i は標準正規分布 $\mathrm{N}(0,1)$ に従う,(ii) $Y_1, \cdots, Y_n$ は独立である,の 2 条件を満たすような変換が可能であることが知られている(これは**ローゼンブラット変換** (Rosenblatt transformation) とよばれる)[42].このように変換された Y により構成される新たな状態空間を**標準空間** (standardized space) とよぶこととする.この変換により,限界状態関数が $\tilde{L}(Y)$ に変換されたとすると,破壊確率を標準空間での積分で表現すると,次のようになる.

$$p_f = \int \cdots \int_{\tilde{L}(y) \leq 0} f_Y(y_1, y_2, \cdots, y_n) dy_1 dy_2 \cdots dy_n \quad (7.5)$$

ただし,各 Y_i は標準正規分布 $\mathrm{N}(0,1)$ に従い,かつ独立であるので,Y の確率密度関数 f_Y は次のように表される.

$$f_Y(y_1, y_2, \cdots, y_n) = \left(\frac{1}{\sqrt{2\pi}}\right)^n \exp\left\{-\frac{1}{2}(y_1^2 + \cdots + y_n^2)\right\} \quad (7.6)$$

変換された標準空間では,平均は原点であり,同時に,確率密度関数の取る

[*4) 数値積分においては,積分の次元が増えていくに従って,必要となる計算量が指数関数的に増大していくため,高次元の空間における積分を数値積分のアプローチで行うことは,事実上不可能である.

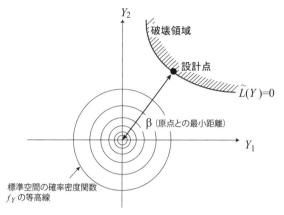

図 **7.2** 変換された標準空間における設計点

値は原点で最大となり,さらに原点に関して点対称に広がる分布となる.したがって,原点に近い点ほど生起確率が高い.そこで,変換された $\widetilde{L}(Y)$ により定まる標準空間での限界状態曲面 $\widetilde{L}(Y) = 0$ 上で,原点からの距離が最小となる点を $(\xi_1, \xi_2, \cdots, \xi_n)$ とし,その点と原点との距離(つまり限界状態曲面と原点との最小距離)を β と表す.この点 $(\xi_1, \xi_2, \cdots, \xi_n)$ を設計点 (design point) という.設計点は,β 点 (beta point),あるいは,ハソーファー・リンド点 (Hasofer–Lind point) とよばれることもある.また,設計点が定まることを,破壊モード (failure mode) が定まるという言い方をすることもある.

標準空間への変換により,確率密度関数は非常に対称性のよい簡単な形となるが,変換された限界状態関数 $\widetilde{L}$ は,一般には複雑な形状の非線形関数となるため,式 (7.5) の積分は同じように容易には計算できない場合がほとんどである.そこで,設計点において,限界状態曲面の接平面を定め,これを限界状態曲面に近似できるものとする.すなわち,図 7.3 に示すように,本来の破壊領域を,淡灰色で示した領域で近似するものとする.このとき,破壊確率 p_f は,次のように近似できることが知られている.

$$p_f \simeq \Phi(-\beta) \tag{7.7}$$

ただし,Φ は式 (2.22) で定義される標準正規分布関数である.このようにして破壊確率を近似評価する手法を **1 次近似 2 次モーメント法** (first-order second-

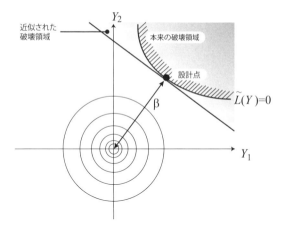

図 7.3 変換された標準空間における設計点での $\tilde{L}$ の 1 次近似

表 7.2 破壊確率と信頼性指標の関係

破壊確率 p_f	信頼性指標 β	信頼性指標 β	破壊確率 p_f
10^{-2}	2.33	2.0	2.275×10^{-2}
10^{-3}	3.09	3.0	1.350×10^{-3}
10^{-4}	3.71	4.0	3.167×10^{-5}
10^{-5}	4.26	5.0	2.867×10^{-7}
10^{-6}	4.75	6.0	9.866×10^{-10}
10^{-7}	5.19	7.0	1.280×10^{-12}
10^{-8}	5.62	8.0	6.221×10^{-16}

moment method = FOSM method) あるいは，**線形化 2 次モーメント法**という [*5]．式 (7.7) により，破壊確率と β は 1 対 1 に対応しているので，β の値がわかれば破壊確率がわかる．このため，破壊確率の代わりに β で表示されることも多い．この β を**信頼性指標** (reliability index) あるいは**安全性指標** (safety index) という．表 7.2 に，いくつかの破壊確率 p_f の値と，それらに対応する信頼性指標 β の値を示す．

例題 7.5 構造部材に加わる応力 S が正規分布 $N(m_S, \sigma_S^2)$ に従う確率変数，構造部材の強度 R が正規分布 $N(m_R, \sigma_R^2)$ に従う確率変数で，両者は独立であるものとする．$R < S$ となったときに部材が破壊する，すなわち，限界状態関

[*5] この手法の基礎を与えたのは，ハソーファー (A. M. Hasofer) とリンド (N. C. Lind) が 1974 年に発表した研究[38] である．

数が $L(S,R) = R - S$ であるものとする.

1) 2つの確率変数 S, R にローゼンブラット変換を施すことにより,標準空間に変換せよ.
2) 標準空間での限界状態関数 $\widetilde{L}(Y_1, Y_2)$ を求めよ.
3) 設計点の座標と信頼性指標 β を求めよ.ただし,$m_R > m_S$ とする.

[解答]
1) S と R は独立であるから,それぞれを標準正規分布に従う確率変数に変換すればよい.したがって,

$$Y_1 = \frac{S - m_S}{\sigma_S}, \quad Y_2 = \frac{R - m_R}{\sigma_R}$$

となる.

2) 1) の変換の結果を限界状態関数に代入することにより,

$$\widetilde{L}(Y_1, Y_2) = \sigma_R Y_2 - \sigma_S Y_1 - (m_S - m_R)$$

が得られる.

3) 2) で得られた限界状態曲面は超平面で,その法線ベクトルは $(-\sigma_R, \sigma_R)$ であるから,設計点の座標 (ξ_1, ξ_2) は,u を実数として,$(\xi_1, \xi_2) = (-\sigma_S u, \sigma_R u)$ と置くことができる.設計点は限界状態曲面上にあるので,$L(-\sigma_S u, \sigma_R u) = 0$ を満たす.これより $u = (m_R - m_S)/(\sigma_R^2 + \sigma_S^2)$ が得られるので,設計点の座標は

$$\xi_1 = \frac{\sigma_S}{\sigma_S^2 + \sigma_R^2}(m_R - m_S), \quad \xi_2 = -\frac{\sigma_R}{\sigma_S^2 + \sigma_R^2}(m_R - m_S)$$

で与えられることがわかる.β は設計点と原点との距離であるから,$m_R > m_S$ に注意すると,次式となる.

$$\beta = \frac{m_R - m_S}{\sqrt{\sigma_S^2 + \sigma_R^2}}$$

□

例題 **7.6**

1) もとの確率変数 X の確率分布関数が $F_X(x)$ であるとき,ローゼンブラット変換は

$$Y = \Phi^{-1}\left(F_X(X)\right) \tag{7.8}$$

で与えられることを示せ.

2) 構造部材に加わる応力 S がパラメーター ρ の指数分布に従う確率変数,構造部材の強度 R が正規分布 $\mathrm{N}(m_R, \sigma_R^2)$ に従う確率変数で,両者は独立であるものとする.限界状態関数が $L(S, R) = R - S$ であるものとして,標準空間における限界状態関数を求めよ.

[解答]

1) $\Phi(x)$, $F_X(x)$ 共に単調非減少関数であることに注意すると,式 (7.8) から,

$$P(Y \le y) = P(\Phi^{-1}(F_X(X)) \le y) = P(F_X(X) \le \Phi(y))$$
$$= P(X \le F_X^{-1}(\Phi(y))) = F_X(F_X^{-1}(\Phi(y))) = \Phi(y)$$

が得られ,Y は標準正規分布 $\mathrm{N}(0,1)$ に従うことがわかる.

2) 1) の結果を用いると,ローゼンブラット変換は

$$Y_1 = \Phi^{-1}(1 - \mathrm{e}^{-\rho S}), \quad Y_2 = \frac{R - m_R}{\sigma_R}$$

となるので,標準空間での限界状態関数は次式となる.

$$\widetilde{L}(Y_1, Y_2) = \sigma_R Y_2 + m_R + \frac{1}{\rho}\log(1 - \Phi(Y_1))$$

□

例題 7.7 標準空間での限界状態関数 $\widetilde{L}(Y)$ が十分になめらかな関数であるものとする.設計点の座標を $Y_i = \xi_i\ (i = 1, \cdots, n)$ とするとき,信頼性指標 β を $\xi_1, \cdots, \xi_n$ を用いて表せ.

[解答]　限界状態関数 $\widetilde{L}(Y)$ を $Y_i = \xi_i\ (i = 1, \cdots, n)$ のまわりでテイラー展開すると,

$$\widetilde{L}(Y) = \widetilde{L}(\xi) + \sum_{i=1}^{n} \widetilde{L}_{Y_i}(\xi)(Y_i - \xi_i)$$
$$+ \frac{1}{2}\sum_{i=1}^{n}\sum_{j=1}^{n} \widetilde{L}_{Y_i Y_j}(\xi)(Y_i - \xi_i)(Y_j - \xi_j) + \cdots$$

7.3 1次近似2次モーメント法

となる.ただし,

$$\widetilde{L}_{Y_i}(\xi) = \frac{\partial \widetilde{L}}{\partial Y_i}(\xi_1, \cdots, \xi_n), \quad \widetilde{L}_{Y_i Y_j}(\xi) = \frac{\partial^2 \widetilde{L}}{\partial Y_i \partial Y_j}(\xi_1, \cdots, \xi_n)$$

である.$(\xi_1, \cdots, \xi_n)$ は限界状態曲面上の点であるから $\widetilde{L}(\xi) = 0$ となることに注意して,この展開を1次の項までで打ち切ることにより得られる近似

$$\widetilde{L}(Y) \simeq \sum_{i=1}^{n} \widetilde{L}_{Y_i}(\xi)(Y_i - \xi_i)$$

により限界状態曲面を近似する.これは超平面を表しているので,これと原点との距離である β は,

$$\beta = \left| \sum_{i=1}^{n} \xi_i \widetilde{L}_{Y_i}(\xi) \right| \times \left\{ \sum_{i=1}^{n} \widetilde{L}_{Y_i}(\xi)^2 \right\}^{-1/2} \quad (7.9)$$

となることがわかる.

□

$\mathrm{E}\{X_i\} = \mu_i \ (i = 1, \cdots, n)$ として,$L(X)$ を $X_i = \mu_i \ (i = 1, \cdots, n)$ のまわりで1次近似すると,

$$L(X) = L(\mu) + \sum_{i=1}^{n} L_{X_i}(\mu)(X_i - \mu_i)$$

となる.ただし,$L(\mu) = L(\mu_1, \cdots, \mu_n)$, $L_{X_i} = \partial L / \partial X_i \ (i = 1, \cdots, n)$ である.この $L(X)$ の平均と分散は,各 X_i が独立であるという条件下で,$\mathrm{Var}\{X_i\} = \sigma_i^2 \ (i = 1, \cdots, n)$ と置くと,

$$\mathrm{E}\{L(X)\} = L(\mu), \quad \mathrm{Var}\{L(X)\} = \sum_{i=1}^{n} L_{X_i}(\mu)^2 \sigma_i^2$$

で与えられる.$X = (X_1, \cdots, X_n)$ が正規分布に従う確率変数であるならば,$L(X)$ も上述の1次近似の下では正規分布に従う確率変数であるので,その確率分布関数は

$$P(L(X) \leq x) = \Phi\left(\frac{x - L(\mu)}{\tilde{\sigma}}\right), \quad \tilde{\sigma} \equiv \left\{\sum_{i=1}^{n} L_{X_i}(\mu)^2 \sigma_i^2\right\}^{1/2}$$

となる.システムの破壊確率 p_f は $P(L(X) \leq 0)$ に等しいので,

$$p_f = \Phi(-\beta), \quad \beta = \frac{L(\mu)}{\tilde{\sigma}} \tag{7.10}$$

と近似されることになる．$X = (X_1, \cdots, X_n)$ が正規分布に従う独立な確率変数であれば，これを標準空間に写すローゼンブラット変換は

$$Y_i = \frac{X_i - \mu_i}{\sigma_i} \quad (i = 1, \cdots, n)$$

となるので，標準空間に写された限界状態関数 $\tilde{L}$ は，

$$\tilde{L}(Y_1, \cdots, Y_n) = L(\sigma_1 Y_1 + \mu_1, \cdots, \sigma_n Y_n + \mu_n)$$

となる．したがって，

$$\tilde{L}(0) = L(\mu), \quad \tilde{L}_{Y_i}(0) = L_{X_i}(\mu)\sigma_i \quad (i = 1, \cdots, n)$$

となるので，式 (7.9) の β と式 (7.10) の β は一致する．つまり，$X = (X_1, \cdots, X_n)$ が正規分布に従う独立な確率変数であれば，FOSM 法における破壊確率の近似値は，$L(X)$ を1つの確率変数とみたときの1次近似下での平均値を設計点として算出した破壊確率値に等しい．このため，FOSM 法は**平均値1次近似2次モーメント法** (mean value first-order second-moment method = MVFOSM method) とよばれることもある．また，X の従う分布を正規分布とは限らない一般の分布とする場合を，**高度な1次近似2次モーメント法** (advanced first-order second-moment method = AFOSM method) とよんで区別することもあるが，本書ではこれも含めて FOSM 法とよぶこととする[*6)]．

信頼性工学においては，推定された破壊確率が実際の破壊確率よりも大きな値となる場合，**安全側** (conservative) の推定値とよび，そうでないとき**危険側** (non-conservative) の推定値とよぶが，FOSM 法を適用する場合，標準空間上に変換された限界状態曲面の形状によって，安全側の評価となる場合と危険側の評価となる場合があるので注意が必要である（演習問題 7.3 を参照）．例えば，図 7.4 (a) のような場合は，近似された破壊領域が実際の破壊領域よりも大

[*6)] 構造信頼性工学では，安全係数のみを用いて信頼性を確保する設計をレベル 1 信頼性設計，システムを記述する確率変数の平均と分散だけの情報に基づき，分布形を正規分布で近似した上で信頼性指標を用いて信頼性を確保する設計をレベル 2 信頼性設計，システムを記述する確率変数の分布形を考慮して，破壊確率を正確に算出する設計をレベル 3 信頼性設計という分類を用いる．

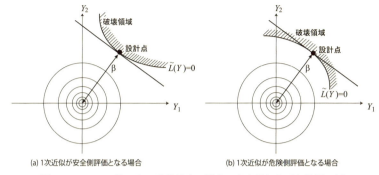

(a) 1次近似が安全側評価となる場合　　　(b) 1次近似が危険側評価となる場合

図 7.4 FOSM 法による破壊確率の推定の安全側および危険側の例

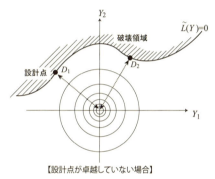

【設計点が卓越していない場合】

図 7.5 FOSM 法において設計点が卓越していない場合

きくなっていることから安全側の評価を与えるのに対して，図 7.4 (b) のような場合は，逆に危険側の評価を与えてしまう．また，設計点が複数存在する場合や，厳密な意味での設計点は 1 つであるが，その他に原点からの距離が β 値に近い点が限界状態曲面上に複数存在する場合などがある．このようになっていない場合には，設計点は**卓越** (dominant) しているという表現を用いることがある．例えば，図 7.5 は，設計点が卓越していない例である．

設計点の探索は，標準空間での限界状態曲面上で，原点との距離が最小となる点の探索となるので，次の制約条件付 2 次最小化問題を解けばよい[*7)]．

[*7)] "minimize A subject to B" は，B が成立するという制約の下で，A を最小化することを意味する．

$$\text{minimize} \quad z = \sum_{i=1}^{n} Y_i^2 \quad \text{subject to} \quad \widetilde{L}(Y_1, \cdots, Y_n) = 0 \tag{7.11}$$

ラグランジュの未定乗数法を用いると，最小を与える必要条件は次式となる．

$$\frac{\partial z}{\partial Y_i} - \eta \frac{\partial \widetilde{L}}{\partial Y_i} = 2Y_i - \eta \frac{\partial \widetilde{L}}{\partial Y_i} = 0 \quad (i = 1, 2, \cdots) \tag{7.12}$$

ここで，η はラグランジュの未定乗数である．式 (7.12) を $Y_1, \cdots, Y_n$ について解くことができたとして，それを $Y_i = \psi_i(\eta)$ $(i = 1, 2, \cdots, n)$ と表すこととすると，未定乗数 η は，次のように制約条件を満たすように定める．

$$\widetilde{L}\left(\psi_1(\eta), \cdots, \psi_n(\eta)\right) = 0 \tag{7.13}$$

これを解いて得られる η を η^* とするとき，設計点の座標 $(Y_1^*, Y_2^*, \cdots, Y_n^*)$ は

$$Y_i^* = \psi_i(\eta^*) \quad (i = 1, 2, \cdots) \tag{7.14}$$

となる．また，このとき信頼性指標 β^* は次式となる．

$$\beta^* = \left\{\sum_{i=1}^{n}(Y_i^*)^2\right\}^{1/2} = \left\{\sum_{i=1}^{n}\psi_i(\eta^*)^2\right\}^{1/2} \tag{7.15}$$

しかし，式 (7.12) は一般には非線形の連立方程式であるから，これを解析的に解くことは多くの場合難しい．そこで，よく用いられるのが，逐次近似により目的の解に収束する列を生成する方法である．設計点の初期候補点として，$y^{(1)} = (y_1^{(1)}, \cdots, y_n^{(1)})$ が選定されているものとする．式 (7.12) により，

$$y_i^{(2)} = \frac{\eta^{(1)}}{2}\left(\frac{\partial \widetilde{L}}{\partial Y_i}\right)_{y^{(1)}} \quad (i = 1, 2, \cdots, n)$$

を第 2 次候補点とする．ただし，$(\ )_{y^{(1)}}$ は，$Y = y^{(2)}$ での値を意味する．ここで，$y^{(1)}$ に対する未定乗数 $\eta^{(1)}$ は，制約条件を満たすように定める．すなわち，

$$\widetilde{L}\left(y_1^{(2)}, \cdots, y_n^{(2)}\right) = 0$$

を満たすように定める．次に，$y^{(1)}$ を $y^{(2)}$ に置き換えて，同じ手順を行い，第 3 次候補点 $y^{(3)}$ を定める．以下この手順を繰り返して，$y^{(1)}, y^{(2)}, \cdots$ を生成し，$y^{(k)}$ と $y^{(k+1)}$ との差が小さくなったところでこの手順を打ち切る．このアルゴ

リズムは，ラクビッツ・フィースラー (Rackwitz–Fiessler) のアルゴリズム[41]とよばれている．ただし，この手法は最小化問題に対する必要条件から導かれるものであるから，局所的な最小しか得られない可能性があるので注意が必要である．標準空間での限界状態関数が，卓越した設計点を1つだけ持つ場合にはこのアルゴリズムで設計点が得られる可能性が高いが，そうでない場合は真の設計点とは異なる点に収束していく可能性が常にある．

7.4 構造信頼性解析のためのモンテカルロ法

7.4.1 モンテカルロ法による破壊確率の推定

7.3 節と同様に，システムの状態が n 次元の確率ベクトル $X = (X_1, X_2, \cdots, X_n)$ で記述されるものとし，限界状態関数 $L(X)$ が与えられているものとする．ここで，システムの破壊を記述する**指標関数** (indicator function) を，

$$\mathbf{1}_f(X) = \begin{cases} 1 & (L(X) < 0) \\ 0 & (L(X) \geq 0) \end{cases} \tag{7.16}$$

で定義すると，式 (7.4) で与えられる破壊確率 p_f は，期待値の演算を用いて，

$$p_f = \mathrm{E}\{\mathbf{1}_f(X)\} \tag{7.17}$$

と表すことができる．

$X^{(1)}, X^{(2)}, \cdots, X^{(N)}$ を，確率ベクトル X に対して計算機上で発生させた独立サンプル列とする．すなわち，各 $X^{(i)}$ は X と同じ確率分布に従い，かつ，$X^{(1)}, X^{(2)}, \cdots, X^{(N)}$ は独立となるようなものであるとする．**モンテカルロ法** (Monte Carlo method) とは，式 (7.17) で与えられる破壊確率を，

$$\hat{p}_f(N) = \frac{1}{N} \sum_{i=1}^{N} \mathbf{1}_f(X^{(i)}) \tag{7.18}$$

で近似評価する方法である．ここで，$\hat{p}_f(N)$ は，目標値 p_f に対するサンプル数 N での**推定量** (estimator) を表しており，推定量を算出するための式 (7.18) のような数式表記を**スキーム** (scheme) とよぶ．式 (7.18) はモンテカルロ法における推定量を与えるスキームであることから，**モンテカルロ・スキーム** (Monte Carlo scheme) などとよばれている．

7.4.2 モンテカルロ法における推定誤差

モンテカルロ法においては，サンプル数 N が固定されていても，発生させたサンプルの組 $\{X^{(1)}, X^{(2)}, \cdots, X^{(N)}\}$ が異なると，結果は異なってくるという点に注意しなければならない．例えば，$2N$ 個のサンプルを発生させ，最初の N 個を用いて式 (7.18) に従って算出された $\hat{p}_f(N)$ と，残りの N 個を用いて算出された $\hat{p}_f(N)$ とは異なる値を取る．$\{X^{(1)}, X^{(2)}, \cdots, X^{(N)}\}$ をセットで 1 つのサンプルと考えると，サンプルを発生させるごとに推定量 $\hat{p}_f(N)$ が異なってくることから，$\hat{p}_f(N)$ は確率変数であると考える必要がある．こういった事情はモンテカルロ推定量のようにランダムな推定量に特有のものであるが，この点が誤解されているケースが多いので注意が必要である．

したがって，推定量と真の値との間には必ず誤差が生じているので，多数の推定量を統計的に平均した値と，そのばらつきの程度の両面から，推定の精度を把握しておかなければならない．推定量に対して行う統計的な計算は，構造システムの破壊確率を定義する統計的な枠組みとは異なるため，以下では，多数の推定量の値から得られる平均を推定平均とよび，同様に得られる分散を推定分散とよぶこととする．推定平均は，$X^{(i)}$ が X と同じ分布に従うことを用いて，式 (7.18) の平均を取ることにより，推定平均は

$$\mathrm{E}\{\hat{p}_f(N)\} = \frac{1}{N}\sum_{i=1}^{N} \mathrm{E}\left\{\mathbf{1}_f(X^{(i)})\right\} = \frac{1}{N} \times N \times p_f = p_f \tag{7.19}$$

となることがわかる．同様にして，$X^{(1)}, \cdots, X^{(N)}$ が独立である点に注意して $\hat{p}_f(N)$ の 2 次のモーメントを計算すると，

$$\mathrm{E}\{\hat{p}_f(N)^2\} = \frac{1}{N^2}\sum_{i=1}^{N}\sum_{j=1}^{N}\mathrm{E}\left\{\mathbf{1}_f\left(X^{(i)}\right)\mathbf{1}_f\left(X^{(j)}\right)\right\}$$

$$= \frac{1}{N^2}\sum_{i=1}^{N}\mathrm{E}\left\{\mathbf{1}_f\left(X^{(i)}\right)^2\right\} + \frac{2}{N^2}\sum_{j=2}^{N}\sum_{i=1}^{j-1}\mathrm{E}\left\{\mathbf{1}_f\left(X^{(i)}\right)\right\}\mathrm{E}\left\{\mathbf{1}_f\left(X^{(j)}\right)\right\}$$

$$= \frac{1}{N}\mathrm{E}\left\{\mathbf{1}_f(X)^2\right\} + \frac{N-1}{N}\left(\mathrm{E}\{\mathbf{1}_f(X)\}\right)^2$$

が得られるので，$\hat{p}_f(N)$ の推定分散として，

$$\mathrm{Var}\{\hat{p}_f(N)\} = \frac{1}{N}\mathrm{Var}\{\mathbf{1}_f(X)\} \tag{7.20}$$

が得られる*8).この結果から,式 (7.17) で与えられるモンテカルロ推定量は,目標値である p_f に $N \to \infty$ で2乗平均の意味で収束することがわかる*9).

しかし,当然発生サンプル数を無限に大きくすることはできないので,有限のサンプル数で計算を打ち切らなければならない.そのことにより生ずる誤差の評価が重要となる.通常,式 (7.17) の変動係数により,相対誤差を数値化する.すなわち,式 (7.19) と式 (7.20) から,

$$\mathcal{E}(N) \equiv \frac{\sqrt{\mathrm{Var}\{\hat{p}_f(N)\}}}{\mathrm{E}\{\hat{p}_f(N)\}} = \frac{1}{\sqrt{N}} \frac{\sqrt{\mathrm{Var}\{\mathbf{1}_f(X)\}}}{\mathrm{E}\{\mathbf{1}_f(X)\}} \tag{7.21}$$

を推定における相対誤差とする.式 (7.21) は,推定における相対誤差が指標関数の変動係数に比例し,発生サンプル数 N の平方根に反比例することを示している.

7.4.3 分散減少法

式 (7.21) で示したように,式 (7.18) で与えられるモンテカルロ推定量の,発生サンプル数 N を増やしていった場合の目標値への収束のスピードは $N^{-1/2}$ のオーダーであり,これは推定量の収束としてはかなり遅い.式 (7.18) によって目標値の I を推定するには,かなり多数のサンプルが必要であることがわかる.

例題 7.8

1) $\mathcal{E}(N)$ を,N と p_f で表せ.
2) 中心極限定理を利用して,推定値の信頼区間を導出せよ.

[解答]

1) 指標関数 $\mathbf{1}_f(X)$ の2乗平均は,$\mathrm{E}\{\mathbf{1}_f(X)^2\} = \mathrm{E}\{\mathbf{1}_f(X)\} = p_f$ となるので,指標関数 $\mathbf{1}_f(X)$ の分散は $\mathrm{Var}\{\mathbf{1}_f(X)\} = p_f - p_f^2$ となる.これを式 (7.21) に代入することにより次式が得られる.

---

*8) 式 (7.19) を満たす推定量は,**不偏推定量** (unbiased estimator) とよばれる.さらに,式 (7.20) より,
$$\lim_{N \to \infty} \mathrm{Var}\{\hat{p}_f(N)\} = 0$$
が成立し,このような推定量は**一致推定量** (consistent estimator) とよばれる.

*9) 確率変数の列 $X_1, X_2, \cdots$ と,確率変数 X があり,$\lim_{n \to \infty} \mathrm{E}\{(X_n - X)^2\} = 0$ となるとき,この確率変数の列は X に **2乗平均収束** (converge in mean square) するという.

$$\mathcal{E}(N) = \frac{1}{\sqrt{N}} \frac{\sqrt{p_f - p_f^2}}{p_f} = \sqrt{\frac{1-p_f}{Np_f}}$$

2) $Y_i = f(X^{(i)})$ $(i=1,2,\cdots,N)$ と置くと，$\{Y_1,\cdots,Y_N\}$ は独立かつ同一の分布に従う確率変数の集まりであり，$\mathrm{E}\{Y_i\} = p_f$ $(i=1,2,\cdots,N)$，また 1) の結果から $\mathrm{Var}\{Y_i\} = p_f - p_f^2$ $(i=1,2,\cdots,N)$ となるので，

$$Z = \frac{\sum_{i=1}^{N} Y_i - Np_f}{\sqrt{N(p_f - p_f^2)}}$$

は N が十分に大きい場合には標準正規分布に従う確率変数であるとみなすことができる．したがって，中心極限定理により，$z>0$ について，標準正規分布関数 Φ を用いて，

$$P(|Z|>z) = \Phi(-z) + \{1 - \Phi(z)\} = 2\Phi(-z)$$

が成立する．この右辺を β と置くと，β は推定区間 $[-z, z]$ に対する危険率とみなすことができるので，$z = -\Phi^{-1}(\beta/2)$ となることに注意すると，推定量 $\hat{p}_f(N)$ に対する，危険率 β の信頼区間は

$$p_f + \frac{\Phi^{-1}(\beta/2)\sqrt{p_f - p_f^2}}{\sqrt{N}} \leq \hat{p}_f(N) \leq p_f - \frac{\Phi^{-1}(\beta/2)\sqrt{p_f - p_f^2}}{\sqrt{N}} \quad (7.22)$$

となることがわかる．

□

危険率を $\beta = 0.05$ (5%) に設定すると，$-\Phi^{-1}(0.05/2) \simeq 1.96$ であることから，式 (7.22) より，真値 p_f に対する推定値 $\hat{p}_f$ の相対比率の信頼区間は

$$1 - \frac{1.96\sqrt{1-p_f}}{\sqrt{Np_f}} \leq \frac{\hat{p}_f(N)}{p_f} \leq 1 + \frac{1.96\sqrt{1-p_f}}{\sqrt{Np_f}}$$

となることがわかる．推定値の有効桁数を k とするには，この信頼区間の幅を相対誤差の大きさとみなし得るものとすれば，およそ $10^{-(k-1)}$ 程度まで小さくしなければならない．このことから，

$$N \sim (2 \times 1.96)^2 \times 10^{2(k-1)} p_f^{-1}(1-p_f)$$

が必要なサンプル数のおよその見積もりを与える．例えば，$p_f = 10^{-5}$ に対して有効桁数 2 桁を要求する場合，危険率 5% とすると，必要となるサンプル数 N はおよそ 10^8 から 10^9 のオーダーの量になってしまう．

モンテカルロ法での推定量の収束が非常に遅いのは，式 (7.20) の導出手順からもわかるように，発生させるサンプル列を互いに独立な列としたことに主たる原因がある．もちろん，独立サンプル列を発生させる方が容易であることが多いため，シミュレーションのスキーム構成としては簡単となり，無駄な計算が不要であるというメリットもある．モンテカルロ法での収束の遅さを改善するための方法の中で最も広く用いられているのは，独立サンプル列を発生させるというモンテカルロ法の基本的枠組みは変えず（したがって収束のオーダーは変わらない），サンプルの発生のさせ方を工夫して，式 (7.21) の右辺の $1/\sqrt{N}$ の係数に相当する $\mathbf{1}_f(X)$ の変動係数を小さくして，収束を加速する方法である．この方法は推定分散を減少させることにより収束の高速化を実現させる方法で，**分散減少法** (variance reduction method) とよばれている [*10]．

7.4.4 重点サンプリング法

確率変数 X の確率密度関数 $f_X(x_1, \cdots, x_n)$ を用いて式 (7.17) を積分で表現すると，

$$p_f = \int \cdots \int_{\mathbb{R}^n} \mathbf{1}_f(x_1, \cdots, x_n) f_X(x_1, \cdots, x_n) dx_1 \cdots dx_n \quad (7.23)$$

が得られる．これに対して，本来の確率分布から得られる確率密度関数 $f_X(x_1, \cdots, x_n)$ とは異なる確率密度関数 $g_X(x_1, \cdots, x_n)$ を導入し，式 (7.23) を次のように書き換える．

$$\begin{aligned} p_f = \int \cdots \int_{\mathbb{R}^n} & \mathbf{1}_f(x_1, \cdots, x_n) \\ & \times \frac{f_X(x_1, \cdots, x_n)}{g_X(x_1, \cdots, x_n)} g_X(x_1, \cdots, x_n) dx_1 \cdots dx_n \end{aligned} \quad (7.24)$$

[*10] 分散減少法とは異なるアプローチとして，独立サンプル列を用いるという枠組みそのものを変更して，収束のオーダーを変える方法がある．例えば，準モンテカルロ法 (semi Monte Carlo method) とよばれる方法では，本質的な乱数ではなく，一様に分布する可能性が高まるような乱数列の変形されたものを用いる．

ただし，$g_X(x_1,\cdots,x_n)=0$ となる点においては必ず $f_X(x_1,\cdots,x_n)=0$ となっているものとし，そのような場合は $f_X(x_1,\cdots,x_n)/g_X(x_1,\cdots,x_n)=1$ と定めておくものとする．式 (7.24) に対応するモンテカルロ推定量は次のようになる．

$$\hat{p}_f(N) = \frac{1}{N}\sum_{j=1}^{N} \mathbf{1}_f\left(X_g^{(j)}\right) \frac{f_X\left(X_g^{(j)}\right)}{g_X\left(X_g^{(j)}\right)} \tag{7.25}$$

ここで，$\{X_g^{(1)},\cdots,X_g^{(N)}\}$ は，確率密度関数 $g_X(x_1,\cdots,x_n)$ の下で発生させた X の独立サンプル列である．

例題 7.9 式 (7.25) の推定量の，推定平均と推定分散は次式で与えられることを示せ．ただし，E_g および Var_g は，X の従う確率分布の下での確率密度関数が $g_X(x_1,\cdots,x_n)$ である場合の期待値および分散をそれぞれ意味する．

$$\mathrm{E}_g\{\hat{p}_f(N)\} = p_f \tag{7.26}$$

$$\mathrm{Var}_g\{\hat{p}_f(N)\} = \frac{1}{N}\mathrm{E}_g\left\{\mathbf{1}_f(X)\frac{f_X(X)}{g_X(X)}\left\{\mathbf{1}_f(X)\frac{f_X(X)}{g_X(X)} - p_f\right\}\right\} \tag{7.27}$$

[解答] E_g は確率密度関数 $g_X(x)$ により計算する期待値であるので，

$$\mathrm{E}_g\{\hat{p}_f(N)\} = \frac{1}{N}\sum_{j=1}^{N}\mathrm{E}_g\left\{\mathbf{1}_f\left(X_g^{(j)}\right)\frac{f_X\left(X_g^{(j)}\right)}{g_X\left(X_g^{(j)}\right)}\right\}$$

$$= \frac{1}{N}\sum_{j=1}^{N}\int\cdots\int_{\mathbb{R}^n}\mathbf{1}_f(x)\frac{f_X(x)}{g_X(x)}g_X(x)dx = \frac{1}{N}\sum_{j=1}^{N}\int\cdots\int_{\mathbb{R}^n}\mathbf{1}_f(x)f_X(x)dx$$

$$= \frac{1}{N}\sum_{j=1}^{N}\mathrm{E}\{\mathbf{1}_f(X)\} = \frac{1}{N}\times N \times p_f = p_f$$

が成立することがわかる．同様にして，$X_g^{(1)},\cdots,X_g^{(N)}$ が独立であることに注意すると，$\hat{p}_f(N)^2$ の推定平均として，

$$\mathrm{E}_g\{\hat{p}_f(N)^2\}$$

$$= \frac{1}{N^2}\sum_{j=1}^{N}\sum_{k=1}^{N}\mathrm{E}_g\left\{\mathbf{1}_f\left(X_g^{(j)}\right)\frac{f_X\left(X_g^{(j)}\right)}{g_X\left(X_g^{(j)}\right)}\mathbf{1}_f\left(X_g^{(k)}\right)\frac{f_X\left(X_g^{(k)}\right)}{g_X\left(X_g^{(k)}\right)}\right\}$$

$$= \frac{1}{N^2} \times N \times \mathrm{E}_g \left\{ \mathbf{1}_f(X)^2 \frac{f_X(X)^2}{g_X(X)^2} \right\} + \frac{1}{N^2} \times N(N-1) \times p_f^2$$

が得られる．したがって，$\hat{p}_f(N)$ の推定分散は，次のようになる．

$$\mathrm{Var}_g\{\hat{p}_f\} = \mathrm{E}_g\{\hat{p}_f(N)^2\} - (\mathrm{E}_g\{\hat{p}_f(N)\})^2$$

$$= \frac{1}{N} \mathrm{E}_g \left\{ \mathbf{1}_f(X)^2 \frac{f_X(X)^2}{g_X(X)^2} \right\} - \frac{1}{N} p_f^2$$

$$= \frac{1}{N} \mathrm{E}_g \left\{ \mathbf{1}_f(X)^2 \frac{f_X(X)^2}{g_X(X)^2} \right\} - \frac{1}{N} p_f \mathrm{E}_g \left\{ \mathbf{1}_f(X) \frac{f_X(X)}{g_X(X)} \right\}$$

$$= \frac{1}{N} \mathrm{E}_g \left\{ \mathbf{1}_f(X) \frac{f_X(X)}{g_X(X)} \left\{ \mathbf{1}_f(X) \frac{f_X(X)}{g_X(X)} - p_f \right\} \right\}$$

□

例題 7.9 の結果から，式 (7.25) も不偏かつ一致推定量となるが，式 (7.27) により，

$$g_X(x_1, \cdots, x_n) = \frac{\mathbf{1}_f(x_1, \cdots, x_n) f_X(x_1, \cdots, x_n)}{p_f} \tag{7.28}$$

とすることにより，発生サンプル数 N に依らずに推定分散をゼロとすることができることがわかる．式 (7.28) のように $g_X(x_1, \cdots, x_n)$ を選ぶには，目標値である破壊確率 p_f の値を知る必要があることから，式 (7.28) に沿ってシミュレーションスキームを構築することはできない．しかし，たとえ形式的ではあっても，このように，式 (7.18) を用いた場合の推定分散値よりも小さな推定分散値を実現できるような $g_X(x_1, \cdots, x_n)$ が存在するということは，式 (7.28) とは違う形で確率密度関数 $g_X(x_1, \cdots, x_n)$ を選定することにより，モンテカルロ法における推定分散を小さくすることが可能であることを表している．

極めて微小な破壊確率の推定において，推定分散が大きくなり，莫大な数のサンプルが必要となるのは，元の確率密度関数の下では破壊するサンプルが極めて稀にしか発生しないためである．したがって，破壊のサンプルが多数発生するように確率密度関数 $g_X(x_1, \cdots, x_n)$ を選べば，スキームの収束を加速することが可能となることが期待できる．この原理により分散減少を実現させる方法を**重点サンプリング法** (importance sampling method) とよび，選ばれた確率密度関数 $g_X(x_1, \cdots, x_n)$ は，**重点サンプリング密度関数** (importance sampling density function) などとよばれる．式 (7.25) は，X のサンプルの発生の仕方

を変更して，目標値の計算に重点的に寄与するようにし，サンプル発生を変更したことによる「ずれ」を f_X と g_X の比で重みを調整して修正することを意味している．

問題は，どのような確率測度 Q を選べばよいか，つまりどのような重点サンプリング密度関数を選べば，分散減少を効率的に実現できるかということである．重点サンプリングシミュレーションを繰り返しながら，段階的に上式の密度関数に近い密度関数を構成していくという方法も提案されているが，最終的なシミュレーション遂行までに必要な予備的計算量が嵩むため，必ずしも有効であるとは限らない．実際，どのような重点サンプリング密度関数が適切であるかは，問題によって異なってくるため，一般的な指針を与えることは難しい．

7.4.5 設計点を利用した重点サンプリング法

できるだけ効率よく収束を加速できるような重点サンプリング密度関数を見出す手法として，標準空間における分布中心を設計点に移すことにより重点サンプリング密度関数を構成するという手法が提案されている．すなわち，設計点の座標を $(\xi_1, \cdots, \xi_n)$ とするとき，

$$g_Y(y_1, \cdots, y_n) = (2\pi)^{-n/2} \prod_{j=1}^n \exp\left\{-\frac{1}{2}(y_j - \xi_j)^2\right\} \tag{7.29}$$

により重点サンプリング密度関数を構成し，標準空間でのサンプリングを行うという方法である．図 7.6 は，重点サンプリング密度関数と設計点の関係を模式的に描いたものである．この方法では，およそ 50% 程度のサンプルが破壊領域に出現することとなる．これまでの研究では，設計点上に分布中心を移す方法で，多くのケースで良好な推定結果が得られており，50% 程度の破壊サンプルの出現比率が，大偏差統計の考え方からも適切であるという研究報告もある．

なお，この方法でシステム信頼性を評価する手法は，設計点を用いた重点サンプリング手法 (importance sampling procedure using design point = ISPUD) とよばれ，過去にはソフトウェアパッケージ化されたこともある[31]．

例題 7.10 構造物に負荷される荷重を X_1，その構造物の耐力を X_2 とする．X_1 が正規分布 $N(m_S, \sigma_S^2)$ に，X_2 が正規分布 $N(m_R, \sigma_R^2)$ にそれぞれ従う確率

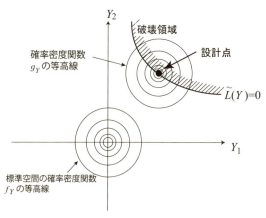

図 7.6 ISPUD の概念図

変数で，両者は独立であるものとする．$m_R = 500$ [MPa]，$\sigma_R = 40$ [MPa]，$m_S = 150$ [MPa] の場合について，荷重の標準偏差 σ_S を 20 [MPa] $\leq \sigma_S \leq 120$ [MPa] の範囲で変化させて，ISPUD の方法を用いて，破壊確率を重点サンプリング法で推定せよ．

[解答]　例題 7.5 により，ローゼンブラット変換は，$Y_1 = (X_1 - m_S)/\sigma_S$, $Y_2 = (X_2 - m_R)/\sigma_R$ であり，設計点の座標 (ξ_1, ξ_2) は次のようになる．

$$\xi_1 = \frac{\sigma_S(m_R - m_{LS})}{\sigma_S^2 + \sigma_R^2}, \quad \xi_2 = -\frac{\sigma_R(m_R - m_{LS})}{\sigma_S^2 + \sigma_R^2}$$

図 7.7 は，ISPUD の方法を用いて，発生サンプル数を 100 として，故障確率を重点サンプリング法で推定した結果を，荷重の標準偏差 σ_S の関数としてプロットしたものである．図中縦軸は推定された破壊確率 $\hat{p}_f(100)$ の常用対数値を表しており，○印は重点サンプリング法による推定結果を，破線はこの場合の破壊確率の厳密値を表している．このように，わずか 100 サンプルによる推定で，10^{-20} 程度までの微小な故障確率値を非常に高い精度で推定することが可能となる．

□

設計点が複数ある場合や，設計点が卓越していない場合は，1 つの設計点を利用して重点サンプリング法を適用しても，他の破壊モードによる破壊の確率を取り入れることは一般には難しく，真の破壊確率値よりも小さな値しか推定

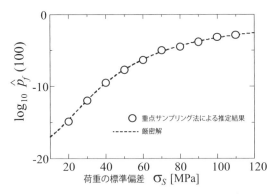

図 **7.7** 重点サンプリング法による故障確率の推定結果

できず,危険側の評価となってしまう.このような場合は,複数の破壊モードに重みを乗じてサンプリングを行う方法が有効である.標準空間での限界状態曲面上で,原点からの距離について極小値を与える点の中で,原点からの距離が小さなものから m 個を選択しているものとする.これらの点を $D_1, \cdots, D_m$ とし,原点からの距離を $\beta_1, \cdots, \beta_m$ とする.点 D_j $(j=1,\cdots,m)$ に平均を移動した確率密度関数を $g_Y^{(j)}(y)$ $(j=1,\cdots,m)$ とするとき,

$$g_Y(y) = \sum_{j=1}^{m} w_j g_Y^{(j)}(y), \qquad w_j = \frac{\Phi(-\beta_j)}{\sum_{k=1}^{m}\Phi(-\beta_k)} \quad (j=1,2,\cdots,m) \quad (7.30)$$

により重点サンプリング法の確率密度関数を構成する.

この方法では,$D_1, \cdots, D_m$ の各点間の距離が十分に離れていれば,対応するモード間の独立性が高いため,重点サンプリング確率密度関数 $g_Y^{(j)}(y)$ を用いて行う重点サンプリング法により得られた破壊確率の推定値を $\hat{p}_f^{(j)}$ $(j=1,\cdots,m)$ とすると,

$$\hat{p}_f \simeq \sum_{j=1}^{m} w_j \hat{p}_f^{(j)} \tag{7.31}$$

により近似評価することができる.しかし,そのような独立性が成立しないような状況では,式 (7.31) では誤差が大きくなってしまう.このような場合には,乱数を利用して,重み $w_1, \cdots, w_m$ に対応してモードをランダムに選択し,その下で選択されたモードに対応した重点サンプリング確率密度関数によるシミュレーションを行えばよい.

7.4.6 負相関変量法

$N=2$ としたときのモンテカルロ推定量は $\hat{p}_f(2) = \frac{1}{2}\{\mathbf{1}_f(X^{(1)}) + \mathbf{1}_f(X^{(2)})\}$ となるが，$X^{(1)}$ と $X^{(2)}$ との独立性により，その推定分散は

$$\mathrm{Var}\{\hat{p}_f(2)\} = \frac{1}{4}\left\{\mathrm{Var}\{\mathbf{1}_f(X^{(1)})\} + \mathrm{Var}\{\mathbf{1}_f(X^{(2)})\}\right\} = \frac{1}{2}\{\mathrm{Var}\{\mathbf{1}_f(X)\}\}$$

で与えられる．これに対して，$X^{(1)}$ と $X^{(2)}$ が独立でなく，相関を有するものとすると，上式は次のように修正される．

$$\mathrm{Var}\{\hat{p}_f(2)\} = \frac{1}{2}\{\mathrm{Var}\{\mathbf{1}_f(X)\}\} + \frac{1}{2}\mathrm{Cov.}\{\mathbf{1}_f(X^{(1)}), \mathbf{1}_f(X^{(2)})\}$$

ここで，$\mathrm{Cov.}\{A,B\} = \mathrm{E}\{AB\} - \mathrm{E}\{A\}\mathrm{E}\{B\}$ は A と B の共分散を表す．このことから，もしも $\mathrm{Cov.}\{\mathbf{1}_f(X^{(1)}), \mathbf{1}_f(X^{(2)})\} < 0$，すなわち $\mathbf{1}_f(X^{(1)})$ と $\mathbf{1}_f(X^{(2)})$ との間に負の相関があれば，互いに独立としたときよりも，推定分散を減少させることができる．この原理を用いた分散減少法を**負相関変量法** (method of antithetic variates) とよんでいる．

$\{X^{(j)}\}_{j=1,2,\cdots,N}$ を，X と同一の分布に従う独立な確率変数列とし，$\{\widetilde{X}^{(j)}\}_{j=1,2,\cdots,N}$ を，やはり X と同一の分布に従う独立な確率変数列とし，各 j で $\mathbf{1}_f(X^{(j)})$ と $\mathbf{1}_f(\widetilde{X}^{(j)})$ が負の相関を有しているものとしよう．このとき，式 (7.18) に代わって，

$$\hat{p}_f(N) = \frac{1}{N}\sum_{j=1}^{N}\left\{\mathbf{1}_f\left(X^{(j)}\right) + \mathbf{1}_f\left(\widetilde{X}^{(j)}\right)\right\} \tag{7.32}$$

により推定量を構成することにより，負相関変量法による推定を実現することができる．このスキームによる推定分散を減少させるには，$\mathbf{1}_f(X^{(j)})$ と $\mathbf{1}_f(\widetilde{X}^{(j)})$ ができるだけ強い負の相関を有するようにすればよいが，それは一般には容易ではない．実際にモンテカルロ法を遂行する際は，まず区間 [0,1) での一様乱数を発生させて，それを変換することにより独立サンプル列 $\{X^{(j)}\}_{j=1,2,\cdots,N}$ を発生させるという方法を取ることが多い．この場合，X の確率分布関数を $F_X(x)$，区間 [0,1) での一様乱数列を $\{\Xi^{(j)}\}_{j=1,\cdots,N}$ とすると，$X^{(j)}$ は，

$$X^{(j)} = F_X^{-1}(\Xi^{(j)}) \quad (j=1,\cdots,N)$$

により生成すればよい．ここで，F_X^{-1} は X の確率分布関数 $F_X(x)$ の逆関数で

ある．このとき，$\Xi^{(j)}$ と $1 - \Xi^{(j)}$ は完全な負の相関を有する点に注目し，式 (7.32) を次のように変更する方法がよくとられている．

$$\hat{p}_f(N) = \frac{1}{N} \sum_{j=1}^{N} \left\{ \mathbf{1}_f \left(F_X^{-1}(\Xi^{(j)}) \right) + \mathbf{1}_f \left(F_X^{-1}(1 - \Xi^{(j)}) \right) \right\} \quad (7.33)$$

負相関変量法は，他の分散減少法と併せてスキームを構成することが可能であり，より効果的な分散減少を実現することができる．例えば，重点サンプリング法のスキームにおけるサンプル列の発生に負相関変量法の原理を適用することにより，より効果の高い分散減少を実現することができる．

7.4.7 制御変量法

目標値である $\mathrm{E}\{\mathbf{1}_f(X)\}$ は解析的に算出し得ないものの，それに類似した関数に置き換えた $\mathrm{E}\{h(X)\}$ は解析的に算出できているというケースがある．これを $I_h \equiv \mathrm{E}\{h(X)\}$ と置くと，目標値は

$$p_f = \mathrm{E}\{\mathbf{1}_f(X)\} = \mathrm{E}\{\mathbf{1}_f(X) - h(X)\} + \mathrm{E}\{h(X)\} = \mathrm{E}\{\mathbf{1}_f(X) - h(X)\} + I_h$$

となるので，この第 1 項 $\mathrm{E}\{\mathbf{1}_f(X) - h(X)\}$ だけをモンテカルロ法で推定できれば，I_h が既知であることから目標値 I が推定できる．この残差部分に対する推定量は，

$$\widehat{J}(N) = \frac{1}{N} \sum_{j=1}^{N} \left\{ \mathbf{1}_f \left(X^{(j)} \right) - h \left(X^{(j)} \right) \right\} \quad (7.34)$$

であり，その推定分散は，

$$\mathrm{Var}\left\{ \widehat{J}(N) \right\} = \frac{1}{N} \mathrm{Var}\left\{ \mathbf{1}_f \left(X^{(j)} \right) - h \left(X^{(j)} \right) \right\} \quad (7.35)$$

となることは容易に確かめることができる．$h(X)$ として $\mathbf{1}_f(X)$ に近い関数形を選定できれば，式 (7.35) の分散値は小さな値とすることができるので，p_f を直接モンテカルロ法で推定するよりも，収束を速めることができる．この原理に基づく分散減少法を**制御変量法** (method of control variates) とよんでいる．

例えば，関数 $h(X)$ により記述されるシステムの解析的な解は得られているが，それに微弱な摂動が加わったシステムについては解析的な解が得られておらず，モンテカルロ法で推定せざるを得ないというケースがあった場合，$\mathbf{1}_f(X) - h(X)$

は摂動量が支配する微弱量であるから,式 (7.35) の分散値は微小とすることが可能となる.

7.5 構造信頼性工学と確率論的破壊力学

7.5.1 疲労破壊と破壊力学

ストレス-強度モデルにおいて十分な信頼性が維持できていたとしても,長期にわたる使用を経て構造材料が破壊に至ることがある.腐食による強度の劣化はこの1つの例であるが,腐食環境に置かれていない場合にも発生し得る重要な破壊形態の代表的な例が**疲労破壊** (fatigue failure) である.

疲労破壊とは,材料に負荷される応力に比して十分な材料強度を有していたとしても,応力の負荷が繰り返し起こることにより破壊に至る現象である.金属材料に多く見られることから**金属疲労** (metallic fatigue) とよばれることもあるが,セラミックスや複合材料,あるいはコンクリートなどの非金属材料においても疲労破壊は起こり得る.疲労破壊の原因は,材料内部に発生した**亀裂** (crack) とよばれる特殊な形状の欠陥が,応力の繰り返し負荷により次第に成長していくことにある.負荷される応力が材料強度よりも十分に小さくても起こり得る破壊形態であるため,実機の破壊事故の原因としては非常に多い.

疲労破壊における亀裂の成長を解析するには,材料内部に亀裂が存在するという前提で,内部応力の分布を明らかとしなければならない.この問題を取り扱う分野は**破壊力学** (fracture mechanics) とよばれている.破壊力学の中で,亀裂以外の部分の材料が弾性体であると仮定して解析を行うものを**線形破壊力学** (linear fracture mechanics) とよぶ.実際には,亀裂を有する材料ではその先端近傍に必ず降伏域が存在するが,その大きさが材料全体の大きさに対して相対的に小さい場合を**小規模降伏** (small scale yielding) とよび,これを仮定できる場合は通常線形破壊力学を適用する.

図 7.8 は,亀裂を有する材料の亀裂先端近傍での応力の様子を描いたものである.図に示すように,亀裂先端を原点として,x 軸,y 軸を設定し,応力テンソルの成分を σ_{ij} と表す.添え字 i および j はそれぞれ x または y を表すものとしておく.各成分 σ_{ij} は (x, y) の関数として図の面上に空間分布している

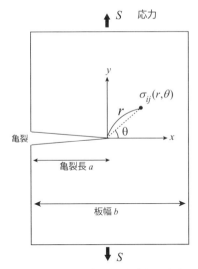

図 **7.8** 亀裂先端近傍の応力場の記述

が，これを極座標 (r,θ) を用いて表すと，線形破壊力学の適用の下では次のような形を取ることが明らかとされている．

$$\sigma_{ij} = \frac{K}{\sqrt{2\pi r}} f_{ij}(\theta) \tag{7.36}$$

ここで，$f_{ij}(\theta)$ は θ にのみ依存する関数で，各成分ごとに関数形が具体的に導出されている．すなわち，亀裂の先端では $1/\sqrt{r}$ に比例して応力の各成分が発散し，無限に大きな応力集中が発生することになる．実際には応力値が無限に大きくなることはなく，降伏が発生して亀裂近傍の応力集中の大きなところでは塑性変形が生じているが，この降伏域が小さい場合には式 (7.36) により亀裂先端近傍の応力場をよく近似できる．式 (7.36) 中に現れる K は，亀裂先端での応力の発散の速さを支配するパラメーターで，応力拡大係数 (stress intensity factor) とよばれている．応力拡大係数 K は一般に次のような形となる．

$$K = \gamma S \sqrt{\pi a} F_I \left(\frac{a}{b}\right) \tag{7.37}$$

ここで，γ は亀裂の形状によって定まる定数であり，$F_I(x)$ は板幅の影響による応力拡大係数の補正を表す関数で，

$$F_I(0) = 1, \quad \lim_{x \to 1} F_I(x) = \infty \tag{7.38}$$

という特性を持つ増加関数である．したがって，亀裂長 a が板幅 b に比べて小さい場合は，$K = \gamma S\sqrt{\pi a}$ と近似できる．

　亀裂の存在を前提としない材料力学では，材料内部に生じた応力の最大値が，材料によって定まる限界値を超えた場合に破壊が生じると考える．しかし，亀裂の存在を前提とした場合は，式 (7.36) が示すように応力の最大値が発散してしまうため，このような破壊の基準についての考え方を適用することができない．このため，破壊力学においては，応力拡大係数 K が，材料によって定まる限界値 K_c を上回ったときに破壊が発生すると考える．この K_c は**破壊靱性** (fracture toughness) とよばれている．式 (7.37) からわかるように，亀裂長 a が大きくなるにつれて，破壊靱性を超える応力値は次第に低下していくことになる．

7.5.2　疲労亀裂の成長則と確率論的破壊力学

　疲労亀裂の成長に伴う疲労破壊の進行は，応力負荷のサイクル数 n の増加と共に，微視的には各サイクルごとに不連続に亀裂が成長しながら進行していく．しかし亀裂長が小さい場合には 1 サイクルあたりの亀裂成長は極めて微小であるため，これを連続変動と近似して扱うことが多い．n サイクル後の亀裂長を $a(n)$ とするとき，Δn サイクルの応力負荷での亀裂長の増分を Δa として，この比を取った $\Delta a/\Delta n$ は Δn 間の亀裂の平均成長速度を表す．亀裂が小さい間は Δa は微小量であるため，n の変動および a の変動を共に連続変動として取り扱い，$\Delta a/\Delta n$ を微分形で da/dn と表示することが多い．

　疲労亀裂の成長を支配する法則については，実験を通じて得られた経験則[*11)]を適用する以外に，有力な基本原理が見出されていない．このような亀裂成長の経験則は，亀裂の成長速度 da/dn の有する性質を表すことで表現される．線形破壊力学では，応力拡大係数 K が最も重要な役割を演ずることが多くの実験で確かめられており，応力 1 サイクルの負荷での応力拡大係数の変動幅 ΔK，応力 1 サイクルの負荷での応力拡大係数の最大値 K_max，応力 1 サイクルの負荷での応力拡大係数の平均値 $\bar{K}$ などの関数として定まると考えられている．特

[*11)] 亀裂成長に関する経験則は多くの実験を通じて検証されていることから「実験則」というよび方をすることもある．

に,最も広く用いられているのが,$f(\Delta K)$ が ΔK のべき乗に比例するとするもので,パリス・エルドガン則 (Paris–Erdogan law)[40] とよばれている.すなわち,

$$\frac{da}{dn} = C(\Delta K)^m \tag{7.39}$$

と表現される.C および m は材料によって定まる量で,通常の金属材料では m は 2 以上の値を取る.比例係数 C は,その値が大きいほど亀裂が成長しやすい状況を表す量で,その逆数が亀裂進展に対する抵抗値を表すものであるが,慣例上 C そのものを**亀裂進展抵抗** (crack propagation resistance) とよぶことが多い.1 回の応力負荷のサイクルにおける応力値の変動幅を ΔS とすると,亀裂長の変動量は微小であるから,式 (7.37) から,$\Delta K = \gamma \Delta S \sqrt{\pi a} F_I(a/b)$ と表すことができる.これを式 (7.39) に代入して整理すると,

$$\frac{da}{dn} = \widetilde{C} a^{m/2} F_I^m \left(\frac{a}{b} \right) \quad \left(\widetilde{C} = C \gamma^m (\Delta S)^m \pi^{m/2} \right) \tag{7.40}$$

が得られる.これを,n を連続に変動し得る時間変数として,$a(n)$ に対する微分方程式と見ると,初期時刻 $n = 0$ での亀裂長が a_0 という条件下で積分することにより,

$$\int_{a_0}^{a(n)} a^{-m/2} F_I^{-m} \left(\frac{a}{b} \right) da = \widetilde{C} n \tag{7.41}$$

となるので,これを $a(n)$ について解くことにより,亀裂長の時間変動を予測することができる.

一般に,疲労破壊に至るまでの寿命には大きなばらつきが認められ,耐疲労設計を行う上で,確率的な観点からの設計,換言すれば信頼性設計を行う必要がある場合が多い.特に,航空機や原子炉などの高いリスクを有するシステムでは,そういった設計指針を立てることが重要であるとされている.破壊力学に基づく疲労亀裂の時間成長に関する不確実性を,確率論を利用して解析する研究分野は**確率論的破壊力学** (probabilistic fracture mechanics)[13] とよばれている.

確率論的破壊力学では,亀裂長,亀裂の成長により材料が破壊に至るまでの寿命,などが確率変数として取り扱われる.疲労亀裂の成長過程は,特に亀裂長が小さいときに材料の微視的構造の不規則性の影響を強く受け,時間の経過と共に

不規則に成長していくと考えられている．しかし，1つの材料内部を亀裂が成長していく過程に大きなばらつきは認められないものの，複数の材料間でその成長の様子を比較するとばらつきが認められるというケースも多い．前者のように，1つの材料の内部で不規則に亀裂が成長していくとする考え方を，**材料内不規則性** (intra-material randomness) とよび，後者のように複数の材料の間で成長の様子にばらつきが認められるとする考え方を**材料間不規則性** (inter-material randomness) とよぶ．

例題 7.11 疲労亀裂の不規則成長が，材料間不規則性によって引き起こされるものとし，進展抵抗 C が確率変数であると仮定できるものとする．初期 $n=0$ で大きさ a_0 から成長を開始した疲労亀裂が，破壊靱性より定まる限界亀裂長 $a_c \, (> a_0)$ にまで成長するのに要するサイクル数を N とする．N はこの材料の余寿命を与える[*12]．進展抵抗 C が，対数平均が c_0，対数標準偏差が σ_c の対数正規分布に従う確率変数であるとして，以下の問に答えよ．

1) 余寿命 N は対数正規分布に従う確率変数であることを示し，その対数平均と対数標準偏差を求めよ．
2) この材料の破壊確率が，許容最大値 q_0 に達した時点で，この材料についての点検を実施するものとする．点検を実施する時刻 N_1 を求めよ．

[解答]
1) 式 (7.41) で $a(n) = a_c$, $n = N$ とすることにより，進展抵抗 C と余寿命 N は，

$$N = \frac{b_0}{C} \quad \left(b_0 = \frac{1}{\gamma^m (\Delta S)^m \pi^{m/2}} \int_{a_0}^{a_c} a^{-m/2} F_I^{-m} \left(\frac{a}{b}\right) da \right)$$

という関係を満たすことがわかる．C は対数平均が c_0，対数標準偏差が σ_c の対数正規分布に従うので，例題 2.7 の結果から，

$$P(C \leq c) = \Phi \left(\frac{\log c - c_0}{\sigma_c} \right)$$

となる．これらより，

[*12] すでに亀裂が存在することを前提に破壊に至るまでの寿命を意味するため，ここでは余寿命という表現を用いる．一般に損傷許容設計ではこのような表現が用いられることが多い．

$$P(N \leq t) = P\left(\frac{b_0}{C} \leq t\right) = P\left(C \geq \frac{b_0}{t}\right) = 1 - P\left(C < \frac{b_0}{t}\right)$$
$$= 1 - \Phi\left(\frac{\log(b_0/t) - c_0}{\sigma_c}\right) = \Phi\left(\frac{\log t - \log b_0 + c_0}{\sigma_c}\right)$$

となるので,N は対数正規分布に従う確率変数で,その対数平均,対数標準偏差は次式となる.

$$\mathrm{E}\{\log N\} = \log b_0 - c_0, \quad \sqrt{\mathrm{Var}\{\log N\}} = \sigma_c$$

2) $N \leq t$ であることは,時点 t までに破壊に至ることと同値であるから,$P(N \leq t)$ は時点 t での累積破壊確率を与える.これより,求める N_1 は,

$$\Phi\left(\frac{\log N_1 - \log b_0 + c_0}{\sigma_c}\right) = q_0$$

を満たすので,Φ の逆関数を用いると,次式のように表すことができる.

$$N_1 = \exp\left\{\sigma_c \Phi^{-1}(q_0) + \log b_0 - c_0\right\}$$

□

材料内不規則性を考慮する場合は,亀裂長の時間変動を確率過程として数学的にモデル化する必要がある.確率論的破壊力学においては,パリス・エルドガン則のような亀裂の時間成長に関する経験則を基に数学モデルを構築する方法と,そういった経験則を直接用いずに数学モデルを構成する方法がある.以下の 7.5.3 項では,亀裂成長の経験則を直接用いずに構成するモデルの代表例であるマルコフ連鎖モデルを,そして 7.5.4 項では,亀裂成長の経験則を基に構成するモデルの代表例である拡散モデルを紹介する.

7.5.3　マルコフ連鎖モデル

マルコフ連鎖モデルは,第 6 章で述べたマルコフ連鎖を亀裂の不規則成長に適用したモデルで,ボグダノフ (J. L. Bogdanoff) らにより提唱された[30)21)].亀裂の成長による破壊の進行の状態を離散的な状態に分類すると共に,時間変数も離散変数にしているところに特徴がある [*13)].このモデルは,対象とする

[*13)] 6.2.1 項の脚注で述べたように,マルコフ連鎖も連続時間マルコフ連鎖と離散時間マルコフ連鎖に大別され,6.2 節で用いたマルコフ連鎖が連続時間マルコフ連鎖であるのに対して,本項で用いるのは離散時間マルコフ連鎖である.単に「マルコフ連鎖」と表現する場合は,離散時間マルコフ連鎖を指すことが多い.

現象の物理的な特性とは無関係に構成されるため，疲労破壊の時間進行の特徴は試行錯誤的にモデルに取り入れる必要があるという問題を有する半面，対象とする現象の基本的な特性がよくわからないようなケースにも適用し得るという利点も有している．

時間変数を離散時変数 $n = 0, 1, 2, \cdots$ とし，時点 n での疲労破壊の進展状況を表す状態変数を X_n と表す[*14]．X_n の取り得る値は，$0, 1, 2, \cdots, b$ と番号付けされており，状態 $X = 0$ が疲労損傷の全くない状態を表し，番号が増えるにしたがって疲労損傷が激しい状態になり，最後の状態 $X = b$ が破壊の状態を表す．ただし，状態に付された番号は，必ずしも疲労亀裂の大きさに比例した値というわけではない．また，時間変数を表す離散時変数 n は，応力負荷のサイクル数を表しているわけではない点には注意が必要である．疲労亀裂の成長を，応力負荷のサイクル数の関数と見て確率的な状態推移で記述すると，応力の負荷により亀裂の先端に生じた降伏域の大きさは次の応力負荷での亀裂成長に影響するなどの影響があるため，一般にはマルコフ過程の性質を有さない．ボグダノフはこのような観点から，離散時変数の 1 ステップは 10^3 サイクル程度の間隔に設定すべきであるとしている．

時点 n で状態が j にある確率を

$$p_n(j) = P(X_n = j) \quad (n = 0, 1, \cdots; \ j = 0, 1, \cdots, b) \tag{7.42}$$

と表す．時点 n で状態が j にあったという条件下で，時点 $n+1$ で状態が k に推移する確率を

$$\psi_{jk}^{(n)} = P(X_{n+1} = k | X_n = j) \quad (n = 0, 1, \cdots; \ j, k = 0, 1, \cdots, b) \tag{7.43}$$

と表す．X_n の状態推移はマルコフ過程とみなし得るというのが本モデルの基本設定であることから，式 (7.43) は時点 n より前の状態推移には依らないと仮定される．$\psi_{jk}^{(n)}$ を式 (6.5) と同様に推移確率とよぶ[*15]．推移確率については，時間変数が 1 ステップ進む際に損傷の状態が 2 段階以上進むことはない点を仮定し，$j = 0, 1, \cdots, b-1$ については

[*14] 離散時間マルコフ連鎖では，n が 1 増えるごとに状態の推移が 1 ステップずつ進行していくことから，「時点 n」という代わりに「n ステップ後」という表現を用いることもある．

[*15] 推移確率 $\psi_{jk}^{(n)}$ が n に依らないときマルコフ連鎖は時間一様であるという．

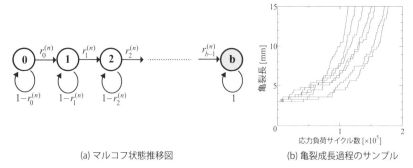

(a) マルコフ状態推移図　　　　(b) 亀裂成長過程のサンプル

図 7.9　疲労破壊に対するマルコフ連鎖モデルでの状態推移図とサンプル挙動

$$\psi_{jk}^{(n)} = \begin{cases} r_j^{(n)} & (k = j+1) \\ 1 - r_j^{(n)} & (k = j) \\ 0 & （それ以外） \end{cases}$$

とし，$j = b$ については

$$\psi_{bk}^{(n)} = \begin{cases} 1 & (k = b) \\ 0 & （それ以外） \end{cases}$$

であるものとする．この $\psi_{jk}^{(n)}$ を j 行 k 列成分とする行列形式で表現した

$$\Psi^{(n)} = \begin{pmatrix} 1 - r_1^{(n)} & r_1^{(n)} & 0 & 0 & \cdots & 0 & 0 \\ 0 & 1 - r_2^{(n)} & r_2^{(n)} & 0 & \cdots & 0 & 0 \\ 0 & 0 & 1 - r_3^{(n)} & r_3^{(n)} & \cdots & 0 & 0 \\ \vdots & \vdots & \ddots & \ddots & \ddots & \vdots & \vdots \\ 0 & \cdots & \cdots & \cdots & \cdots & 0 & 1 \end{pmatrix} \quad (7.44)$$

を**推移確率行列** (transition probability matrix) とよぶ．

図 7.9 は，疲労亀裂成長に対するマルコフ連鎖モデルの状態推移図と，このモデルに基づいて計算機上で生成された疲労亀裂の成長過程のサンプルをプロットした一例を示したものである．

時点 n での各状態の存在確率をベクトルとして

$$p_n = (p_n(0), p_n(1), \cdots, p_n(b-1), p_n(b))^\top \quad (7.45)$$

と表す．このとき，初期の存在確率の分布を表すベクトルを p_0 とすると，時点

n での状態確率ベクトルは，

$$p_n = \Psi^{(n-1)}\Psi^{(n-2)}\cdots\Psi^{(0)}p_0 = \prod_{\ell=1} \Psi^{(\ell-1)}p_0 \tag{7.46}$$

と表すことができる．

初期 $n=0$ で状態 k_0 にあったという条件下で，n ステップ以下で破壊に至る確率を $p_f(n;k_0)$ と表すと，

$$p_f(n;k_0) = \sum_{m=1}^{n}\left(\prod_{\ell=1}^{m}\Psi^{(\ell-1)}p_0\right)_b \tag{7.47}$$

と表されることになる．ただし，$(\ )_j$ はベクトルの第 j 成分を表し，p_0 は k_0 成分のみが 1 で他はゼロとなるベクトルである．式 (7.47) が累積故障確率関数を与えるので，これを 1 から減じた量が時点 n における信頼度となる．

一般に疲労亀裂の時間成長は時間に関して線形的な成長ではなく，亀裂長が大きくなるにつれて次第にその成長速度が加速されていくという特徴を有する．このため，マルコフ連鎖モデルでこのような特徴を再現するには，状態に付した番号が増加するにつれて対応する亀裂長を次第に加速的に大きくしていくか，あるいは，推移確率を時間一様ではなく n が大きくなるにつれて大きな亀裂への推移確率を次第に大きくしていくなどの操作が必要である．したがって，亀裂成長の確率的性質に関する予備的実験などからの事前情報を得る必要があり，さらに，決定しなければならないパラメーターが非常に多くなるというデメリットを有している．

一方，亀裂成長の経験則などとは無関係に定式化が可能であるため，疲労破壊に限らず，その他の破壊現象，あるいは時間劣化現象などにも適用することが可能である．例えば，疲労亀裂の時間成長によって生じる破壊と同時に，負荷される応力がその時点での静的な材料強度を超えてしまう場合には，疲労破壊ではなく瞬時の不安定破壊が生じることがあるが，そういった可能性を取り入れた例として，式 (7.44) で与えられる推移確率行列を次のように修正するというモデルがある．

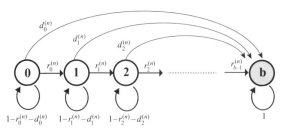

図 7.10　不安定破壊のモードを考慮に入れたマルコフ状態推移図

$$\Psi^{(n)} = \begin{pmatrix} 1 - r_1^{(n)} - d_1^{(n)} & r_1^{(n)} & 0 & 0 & \cdots & 0 & d_1^{(n)} \\ 0 & 1 - r_2^{(n)} - d_2^{(n)} & r_2^{(n)} & 0 & \cdots & 0 & d_2^{(n)} \\ \vdots & \vdots & \ddots & \ddots & \ddots & \vdots & \vdots \\ 0 & \cdots & \cdots & \cdots & \cdots & 0 & 1 \end{pmatrix} \quad (7.48)$$

ここで，$d_k^{(n)}$ は，時点 n で状態 k にあるという条件の下で，負荷された応力により瞬時の破壊が生じる確率を表す．この場合のマルコフ状態推移図は図 7.10 のようになる．

7.5.4　拡散型モデル

拡散型モデルとは，亀裂成長の経験則をベースに，その解の挙動が雑音とよばれる確率過程で乱されると考えることにより，亀裂成長の不規則な性質を再現するモデルである．雑音としてはさまざまなものがあり得るが，解析の便宜上，亀裂成長過程の確率的性質を追いやすいものに限定して考えるのが通例で，特に，連続的な変動を示す解で亀裂成長過程を再現する場合は，ガウス型白色雑音とよばれる特殊な過程を雑音として採用する．このとき，解として得られる亀裂成長過程が，拡散過程 (diffusion process) とよばれる特殊なマルコフ過程になることから拡散型モデル (diffusive model)[45] などとよばれている．

疲労亀裂の時間成長の平均的な挙動が，7.5.2 項で述べたパリス・エルドガン則で記述され得るものとする．式 (7.40) において，a_0 を基準長さとして無次元亀裂長 $X \equiv a/a_0$ を用い，さらに，n を

$$t = \beta n, \quad \beta \equiv \frac{\varepsilon_0 (\Delta S)^m \pi^{m/2} a_0^{m/2-1} \gamma^m}{\varepsilon}$$

と線形変換して整理すると次式を得る.

$$\frac{dX(t)}{dt} = \varepsilon g(X(t)), \quad g(x) \equiv x^{m/2} F(a_0 x)^m \tag{7.49}$$

以下では無次元変数 t を時刻と表現して連続に変動し得る変数として取り扱い, $X(t)$ を時刻 t での亀裂長というよび方を用いる.

上述の応力拡大係数の発散特性により, 式 (7.49) の解は $X = a_0 h$ を特異な吸収状態として持つ. このような特異性は, 以下に述べる亀裂成長方程式のランダム化において, 数学上の取り扱いを煩雑とするが, 実際には $X = a_0 h$ に達する前に亀裂成長速度は急速に増大して瞬時に破断に至ってしまうため, 亀裂成長過程を解析する上では, $X = a_0 h$ の直前まで式 (7.49) の特性が反映されていれば十分であると考えてよい. そこで, 式 (7.49) を次のように修正し, $X > a_0 h$ についてもこの修正された方程式に従って $X(t)$ は仮想的に成長していくものとする.

$$\frac{dX(t)}{dt} = \varepsilon \tilde{g}(X(t)) \tag{7.50}$$

$$\tilde{g}(x) \equiv \begin{cases} g(x) & (0 < x \leq x_c) \\ g'(x_c)(x - x_c) + g(x_c) & (x_c < x) \end{cases} \tag{7.51}$$

ここで, $g'(x) = dg(x)/dx$ である. $x > x_c$ において $g(x)$ を線形化したのは, 解の存在を保証するための条件の1つである成長条件[*16] とよばれる条件を満足させるためである.

ここで, 亀裂進展抵抗 ε が時間と共に不規則に変動し, それにより式 (7.50) の解が時間と共に不規則に変動するという考え方を導入する. すなわち, 不規則に変動する因子を $Z(t)$ として, 式 (7.50) を次のように変更する.

$$\frac{dX(t)}{dt} = \{\varepsilon + Z(t)\}\tilde{g}(X(t)) \tag{7.52}$$

$Z(t)$ は数学的には確率過程と考えることにすると, 式 (7.52) は右辺の係数関数に確率過程が現れる特殊な微分方程式で, **確率微分方程式** (stochastic differential equation) とよばれている[*17]. ただし, $Z(t)$ を導入する前の段階での方程式

[*16] この条件が満たされないと, 確率微分方程式の解が有限の時間内に発散してしまう可能性が生ずるので, 通常この成長条件を仮定する.

[*17] 確率微分方程式では解が関数ではなく確率過程となる. 確率微分方程式については付録 A.4, および, 文献[5] を参照されたい.

が，亀裂の平均的な時間成長を記述するという前提の下では，$Z(t)$ は平均がゼロの確率過程としておく必要がある．

疲労破壊における亀裂成長の不規則は，負荷される応力の不規則変動と，亀裂を有する材料の微視的構造の不均質性から引き起こされると考えられている．このうち，材料の微視的不均質性は空間的な不規則変動として現れるのに対して，亀裂の成長速度が次第に加速されていくことから，$Z(t)$ に定常性を仮定するのは適切でないことがこれまでの研究で明らかとされている[46)39)]．この場合，$Z(t)$ を局所的に定常な過程として取り扱うモデルと，付録 A.4 で述べるガウス型白色雑音 $W(t)$ に非定常性を表現する確定関数 $S(t)$ を乗じて

$$Z(t) = S(t)W(t) \tag{7.53}$$

という形とするモデルがあり，関数 $S(t)$ をうまく選定することにより，両者は等価な結果を与えることが明らかとされている．ここでは，式 (7.53) を用いるモデルの概要を紹介することとする．

式 (7.53) を式 (7.52) に代入し，付録 A.4 で述べるワン・ザカイの変換を適用すると，

$$dX(t) = \left\{\varepsilon\tilde{g}(X(t)) + \frac{1}{2}S(t)^2\tilde{g}(X(t))\tilde{g}'(X(t))\right\}dt \\ + S(t)\tilde{g}(X(t))dB(t) \tag{7.54}$$

という伊藤型確率微分方程式が得られる．ただし，$\tilde{g}'(x) = d\tilde{g}(x)/dx$ である．初期の亀裂長を $X(0) = x_0$ として，式 (7.54) において，従属変数を

$$Y(t) = H(X(t)), \quad H(x) \equiv \int_{x_0}^{x} \frac{d\xi}{\tilde{g}(\xi)}$$

により $Y(t)$ に変換すると，伊藤の公式を適用することにより，

$$\begin{aligned}dY(t) &= H'(X(t))dX(t) + \frac{1}{2}H''(X(t))S(t)^2\tilde{g}(X(t))^2 dt \\ &= \frac{1}{\tilde{g}(X(t))}\left\{\varepsilon\tilde{g}(X(t)) + \frac{1}{2}S(t)^2\tilde{g}(X(t))\tilde{g}'(X(t))\right\}dt \\ &\quad -\frac{1}{2}\frac{\tilde{g}'(X(t))}{\tilde{g}(X(t))^2}S(t)^2\tilde{g}(X(t))^2 dt + \frac{1}{\tilde{g}(X(t))}S(t)\tilde{g}(X(t))dB(t) \\ &= \varepsilon dt + S(t)dB(t)\end{aligned}$$

7.5 構造信頼性工学と確率論的破壊力学

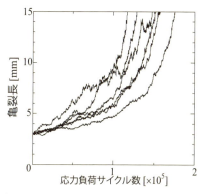

図 7.11 拡散型モデルに基づく疲労亀裂成長過程のサンプル挙動の例

が得られる．これは容易に積分することができるので，初期条件 $Y(0) = 0$ に注意すると，

$$Y(t) = \varepsilon t + \int_0^t S(u) dB(u)$$

となることがわかる．したがって，従属変数を元に戻すことにより，式 (7.54) の解が次のように得られる．

$$X(t) = H^{-1} \left(\varepsilon t + \int_0^t S(u) dB(u) \right) \tag{7.55}$$

図 7.11 は，式 (7.55) に基づいて計算機上で発生させた亀裂成長のサンプル挙動の一例である．

ウィーナー過程（付録 A.4 参照）の基本性質，および，正規分布の再生性から，$Y(t)$ は t を固定するごとに正規分布に従う確率変数となり，

$$\mathrm{E}\{Y(t)\} = \varepsilon t, \quad \mathrm{Var}\{Y(t)\} = \int_0^t S^2(u) du \equiv \sigma^2(t)$$

となることが示されている．すなわち，$P(Y(t) \leq y) = \Phi((y - \varepsilon t)/\sigma(t))$ となる．$H(x)$ は単調増加であることから，$P(X(t) \leq x) = P(Y(t) \leq H(x))$ が成立するので，時刻 t での亀裂長 $X(t)$ の確率分布関数は次式となることがわかる．

$$P(X(t) \leq x) = \Phi \left(\frac{H(x) - \varepsilon t}{\sigma(t)} \right) \tag{7.56}$$

7.5.5 連続時間非拡散型モデル

拡散型モデルでは,図7.11に見られるように,亀裂成長過程のサンプル関数が激しい増減を繰り返すが,実際の亀裂成長では,亀裂長が自然に減少することはないと考えてよい.このように,拡散型モデルでは亀裂成長の個々のサンプル挙動をうまく再現することが難しい.この問題点を解消し,かつ,拡散型モデルと同様に,亀裂成長法則をモデルに自然に取り入れることができるように改良したモデルとして,式(7.52)における確率過程 $Z(t)$ をポアソン型の白色雑音とよばれる過程に変更したモデルが提案されている.詳細については,文献[23]を参照されたい.

演 習 問 題

問題 7.1 FOSM法に関して以下の問に答えよ.
1) $\beta > 0$ として,標準空間における限界状態関数が $\widetilde{L}(Y) = \beta - Y_1$ で与えられるとき,システムの故障確率 p_f は,

$$p_f = \Phi(-\beta)$$

で与えられることを示せ.

2) 標準空間における限界状態曲面 $\widetilde{L}(Y) = 0$ が,原点との距離が $\beta\ (> 0)$ の超平面であり,この平面に関して原点と反対側の領域が破壊領域である場合も,システムの故障確率1)の結果と同じとなることを示せ.

問題 7.2 ある構造システムが2つの要素から成り,各要素の強度を X_1, X_2 とする.この構造システムに負荷される荷重 x_c は確定値を取り,X_1, X_2 は共に正規分布 $N(m, \sigma^2)$ に従うものとする.このシステムの限界状態関数が,

$$L(X_1, X_2) = \min\{X_1 - x_c, X_2 - x_c\}$$

で与えられ,$m > x_c$ が成立しているものとして,以下の問に答えよ.
1) (X_1, X_2) に対してローゼンブラット変換を施し,標準空間での限界状態関数を求めよ.
2) 設計点と信頼性指標を求めよ.

3) このシステムの破壊確率を FOSM 法で算出した場合，安全側の評価になっているか．

問題 7.3 構造物に負荷される荷重を X_1 とする．この構造物が 2 つの要素から成っており，それぞれの強度を X_2, X_3 として，これらの和により荷重を支える構造となっているものとする．すなわち，この構造物の限界状態関数が，$L(X) = X_2 + X_3 - X_1$ で与えられるものとする．X_i $(i = 1, 2, 3)$ が正規分布 $N(m_i, \sigma_i^2)$ $(i = 1, 2, 3)$ にそれぞれ従い，$m_2 + m_3 > m_1$ が満たされているものとする．以下の問に答えよ．

1) ローゼンブラット変換を施し，標準空間での限界状態関数を求めよ．
2) 信頼性指標および設計点の座標を求めよ．

問題 7.4 構造物に負荷される荷重を X_1，その構造物の耐力を X_2 とし，限界状態関数を $L(X) = X_2 - X_1$ とする．以下の 2 つのケースについて，ローゼンブラット変換を行って標準空間での限界状態関数を求め，FOSM 法による評価が安全側か危険側かを判定せよ．

- ［ケース 1］ X_1 が対数正規分布 $\text{LN}(m_{LS}, \sigma_{LS}^2)$ に，X_2 が正規分布 $\text{N}(m_R, \sigma_R^2)$ にそれぞれ従う場合．ただし，両者は独立で，$m_R > \mathrm{e}^{m_{LS}}$ を満たすものとする．

- ［ケース 2］ X_1 が正規分布 $\text{N}(m_S, \sigma_S^2)$ に，X_2 が対数正規分布 $\text{LN}(m_{LR}, \sigma_{LR}^2)$ に，それぞれ従う場合．ただし，両者は独立で，$\mathrm{e}^{m_{LR}} > m_S$ を満たすものとする．

問題 7.5 例題 7.11 の材料間不規則性を想定した疲労亀裂の不規則成長モデルにおいて，進展抵抗 C が，形状パラメーター α，尺度パラメーター β の 2 パラメーターワイブル分布に従うものとする．以下の問に答えよ．

1) 余寿命 N の確率分布関数を導出せよ．
2) この材料の破壊確率が，許容最大値 q_0 に達した時点で点検を実施するものとするとき，点検を実施する時刻 N_1 を求めよ．

CHAPTER 8 ソフトウェア信頼性

8.1 ソフトウェア信頼性工学の概要

8.1.1 ソフトウェア信頼性の概念

　高度情報化社会とよばれる現代において，コンピューターの果たす役割は多大であり，1.1節で述べたように，多くの工業製品においてコンピューター制御が当たり前のように活用されるようになってきている．このため，コンピューターシステムの故障が及ぼす影響の重要性は，多くの分野において飛躍的に増大してきており，それゆえに，工業製品の信頼性を高める上で，コンピューターシステムの高信頼性を確保することが極めて重要な課題となってきている．

　コンピューターシステムは，ハードウェアとソフトウェアの両者が同時に機能して初めて全体としての機能が発揮される．このうち，ハードウェアに関しては，設計上の問題や使用環境の不確実性などを仮に完全に排除できたとしても，信頼性の概念を適用することに意味はあると考えられる．これに対して，ソフトウェアは人間の知的生産物であるため，ハードウェアに関して見られるようなばらつきや不確実性を完全に排除し得るという考えが支配的であった．

　しかし，大型のソフトウェアでは，出荷前のテスト工程におけるバグの検出が際限なく発生するという状況がしばしば認められてきた．このため，どの段階で出荷に耐え得る状態になったのかを判定することに非常に大きな困難さを伴うという状況がしばしば出現するようになってきたのである．また，出荷後はさまざまな使用環境にさらされるため，実際にトラブルがなくソフトウェアが稼働するかどうかを，製造工程において確定的に推定することが困難である

と考えられるようになってきた．特に，単産の大型ソフトウェアシステムではこのような傾向が顕著であると言わざるを得ない．こういった事情から，ハードウェアと同じように，ソフトウェアも「信頼性」の観点から品質を評価する必要性があると考えられるようになってきている．

8.1.2　ソフトウェアに対する高い信頼性の要求

コンピューター制御を駆使した自動化は，人的作業におけるいわゆるヒューマン・エラーを低減させることに大きく寄与しているが，その反面，コンピューターシステムの故障が深刻な故障や事故に直結するという状況を引き起こすようになってきている．ソフトウェアが比較的単純な構造であった時代においては，コンピューターシステムの故障は主にハードウェアの故障に原因があると考えられており，それゆえにハードウェアの信頼性を向上させることに労力が注がれてきた．

しかし，搭載されるソフトウェアが非常に大規模で複雑なシステムとなってきている状況では，ソフトウェアの故障に起因するシステム全体の故障が重要な役割を演ずる．特に，コンピューターの開発初期に比して，ハードウェアの信頼性は飛躍的に向上してきていることから，ソフトウェアの故障に起因するシステム故障が相対的に重要性を増してきている点には注意が必要である．

8.1.3　ソフトウェア信頼性に関する研究の基本指針

ハードウェアとは異なり，同じソフトウェアを搭載したコンピューターシステムを複数システムに組み入れて形式上冗長性を持たせても，ソフトウェア故障に起因する故障はすべてのシステムで同様に確実に発生するため，複数を取り入れることによる信頼性の向上が実現されない．したがって，ソフトウェアにおける冗長性は，プログラムそのもの，あるいは，プログラムの基本原理を与えるアルゴリズムに関して，冗長性を与えなければならない．こういった点については，8.2節で詳しく述べる．

一方，ソフトウェアが故障を起こす可能性がどれぐらいあるかという点を，客観的に定量化しておくことも重要である．ハードウェアについては，複数の同一のアイテムに対する稼働試験を行った結果を統計的に処理することにより，

信頼度を推定するということが可能であるのに対して，上述のソフトウェアの特性により，このような方法は意味を持たない．このため，ソフトウェアでは出荷前に行うテスト工程を通じて，故障の可能性を客観的に把握しなければならない．テスト工程では，発見されたプログラム上の誤りを修正していくが，ソフトウェアでは，修正した誤りが再発することはないため，テストの進捗によりソフトウェアの故障の可能性は次第に低下していくと考える必要がある．このために構築される数学モデルが，ソフトウェア信頼度成長モデルとよばれるもので，これについては 8.3 節で詳しく述べる．

8.2 ソフトウェア信頼性向上技術

ソフトウェアの信頼性を向上させるには，ソフトウェアそのものの信頼性を向上させるというアプローチと，ソフトウェアの搭載されたシステムの信頼性を向上させるというアプローチが考えられる．前者については，モジュール化，すなわち，同一または類似の計算過程はサブルーチンにまとめて，ソフトウェアプログラム全体を多くのサブルーチンの構造を持った集合体にするという方法がよく知られている．また，近年は自動コーディング技術も発達してきており，こういった技術を有効に活用することもソフトウェアプログラムの信頼性を向上させることにつながる．

モジュール化の活用などのソフトウェアプログラムそのものの信頼性向上については，個々のプログラムの個別の特性に大きく依存するため，本節では後者のシステム的に信頼性を向上させる技術について概説する．

8.2.1 N-バージョン・プログラミング

同じ機能を有する N 個のプログラムを用意しておき，すべての出力中 k 個以上が一致したらそれをシステムの出力として採用する方法を N-バージョン・プログラミング (N-version programming = NVP) あるいはマルチバージョン・プログラミング (multiversion programming) とよぶ．この方法は，第 5 章で述べたシステムとしての冗長性を持たせる手法に対応するものである．通常，異なる開発者に，同一の要求仕様に基づいてプログラムの開発を行わせる

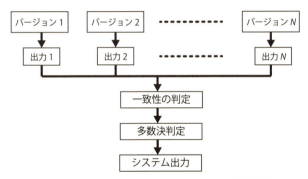

図 8.1 N-バージョン・プログラミングの概念図

ことにより作成することを基本とするが，同一の開発者に，異なるアルゴリズムで作成させるケースもある．

図 8.1 は，N-バージョン・プログラミングの原理を模式的に描いたものである．N-バージョン・プログラミングにおける信頼性評価は，4.1.4 項で述べた多数決システムと同様となる．

例題 8.1　N-バージョン・プログラミングにおいて，各バージョンが正しい結果を出力する確率をそのバージョンの信頼度とよび，すべてのバージョンで信頼度が q $(0 < q < 1)$ で同一であるものとする．以下の問に答えよ．ただし，正しくない出力が一致する確率は十分に小さく無視し得るものとする．

1) このシステムの信頼度，すなわち，この N-バージョン・プログラミング・システムが正しい結果を出力する確率 R を q を用いて表せ．
2) $N = 3$ のとき，システムの信頼度が，1 バージョンの信頼度よりも高くなるための q に関する条件を求めよ．

[解答]
1) 各バージョンが独立であることから，システムの出力の信頼度 R は，${}_N\mathrm{C}_j$ を 2 項係数，$k = [N/2] + 1$（[ ] はガウス記号で，上回らない最大の整数を表す）として，次式で与えられる．

$$R = \sum_{j=k}^{N} {}_N\mathrm{C}_j q^j (1-q)^{N-j}$$

2) 前問で $N = 3$ とすると $k = 2$ であるので，

$$R = \sum_{j=2}^{3} {}_3\mathrm{C}_j q^j (1-q)^{3-j} = {}_3\mathrm{C}_2 q^2 (1-q) + {}_3\mathrm{C}_3 q^3 = -2q^3 + 3q^2$$

これより，

$$R - q = -2q^3 + 3q^2 - q = q(1-q)(2q-1)$$

となるので，$R > q$ となるためには，$q > 1/2$ でなければならない．

□

8.2.2 リカバリー・ブロック

プログラムにより結果を算出する過程が複雑でも，算出された結果が正しいかどうかを検証することは比較的容易にできるという場合がある．例えば，多次元の連立方程式の解を導出するのには一般に多くの計算量を必要とするが，得られた解が正しい解であるかどうかは，元の方程式に代入することにより容易に検証し得る．この原理を利用したものがリカバリー・ブロック (recovery block) とよばれる方式である．

リカバリー・ブロックでは，N-バージョン・プログラミングと同様に，N 個の同一仕様のソフトウェアプログラムを用意し，これに加えて，受入テスト (acceptance test) を行うプログラムを装備しておく．N 個のプログラムには，実行する順番に，バージョン 1 からバージョン N までの番号付けがなされているものとし，以下の手順でシステムの出力を決定していく．

- バージョン 1 を実行し，得られた出力を出力 1 とする．
- 出力 1 に対して受入テストを行い，正しい結果と判定されれば，出力 1 をシステムの出力とする．
- 受入テストにより出力 1 が正しくないと判定されれば，出力 1 を破棄する．
- 次にバージョン 2 を実行し，得られた出力を出力 2 とする．
- 出力 2 に対して受入テストを行い，正しい結果と判定されれば出力 2 をシステムの出力とし，そうでなければ出力 2 を破棄する．
- 出力 2 が破棄された場合，次にバージョン 3 を実行する．これを繰り返す．
- バージョン N まで実行しても受入テストにより正しい結果と判定されない場合は，システム障害と判断する．

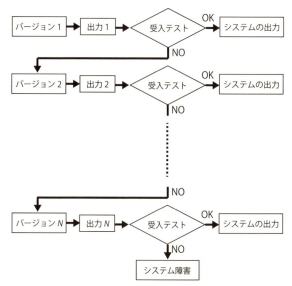

図 8.2 リカバリー・ブロックの概念図

この手順を模式的に図示したのが図 8.2 である．

リカバリー・ブロック方式では，受入テスト自体も 1 つのソフトウェアであるため，受入テストプログラム自体の信頼性も考慮しなければならないケースも多い．

例題 8.2 2 バージョンのリカバリー・ブロック方式において，各バージョンの信頼度が r であるものとする．

1) 受入テストの信頼度が 1，つまり受入テストの誤りが絶対に発生しない場合の，システムの出力の信頼度を計算せよ．
2) 受入テストの信頼度が q である場合の，システムの出力の信頼度を計算せよ．

[解答]

1) 受入テストの信頼度が 1 であることから，各バージョンが正解を出力すればシステムは正解と判定する．したがって，システムが正解を出力するのは次の 2 つのケースである．

A_1: バージョン 1 が正解を出力する．

A_2: バージョン 1 が誤りを出力し，バージョン 2 が正解を出力する．

これらは互いに排反な事象となるので，システムが正解を出力する確率は次式となる．

$$P(A_1) + P(A_2) = r + (1-r) \times r = r(2-r)$$

2) 受入テストの正誤判定を考慮すると，システムが正解を出力するのは次の 3 つのケースである．

B_1: バージョン 1 が正解を出力し，受入テストが正解と判定する．

B_2: バージョン 1 が正解を出力し，受入テストが誤りと判定する．さらにバージョン 2 が正解を出力し，受入テストが正解と判定する．

B_3: バージョン 1 が誤りを出力し，受入テストが誤りと判定する．さらにバージョン 2 が正解を出力し，受入テストが正解と判定する．

これらも互いに排反となるので，システムが正解を出力する確率は次式となる．

$$\begin{aligned}&P(B_1) + P(B_2) + P(B_3)\\&= rq + r(1-q)rq + (1-r)qrq = rq(1 + r + q - 2rq)\end{aligned}$$

□

8.3 ソフトウェア信頼度成長モデル

8.3.1 ソフトウェア信頼度成長モデルの概要

ソフトウェアが要求仕様通りに動作しないことを，ソフトウェア故障 (software failure) とよび，それを引き起こす直接の要因となる不正や不具合をソフトウェアエラー (software error) とよぶ．ソフトウェアエラーは，ソフトウェアを構成するプログラムコード中に存在するプログラム上の不正が原因で生じる．これをソフトウェアフォールト (software fault) あるいはソフトウェアバグ (software bug) とよぶ．特にソフトウェアと明示しなくても混乱が生じない場合は，単にフォールトあるいはバグとよぶことも多い．ソフトウェアフォールトとソフトウェアエラーは，明確に区別せずに同義語として使用することも

少なくない*1).

ソフトウェア信頼性 (software reliability) とは，所定の期間中にソフトウェア故障が生起しない性質のことを指す．ソフトウェア故障はフォールトが原因で発生するので，プログラムコードからフォールトを除去すれば，ソフトウェア信頼性は向上することになる．このようにコードからフォールトを除去する作業をデバッグ (debug) とよぶ．

ソフトウェアの開発工程は，およそ図 8.3 に示すように，各段階での結果が報告文書と共に次の段階に渡されていくということを繰り返す形となっており，ウォーター・フォール型 (water fall type) とよばれる開発形態の一種となっている．最終工程であるテスト工程においては，製品が正しく動作するかどうかをチェックし，プログラム中にフォールトが発見されれば，それを修正の上再度テストするという過程が繰り返される．これらの結果を受けて，最終的にソフトウェア製品としてリリース（出荷）してよい状態かどうかを判断することになる．

ソフトウェアはハードウェアと異なり，ある機能について正常に動作するプログラムが，使用時間の増大に伴ってその機能について不具合が次第に発生してくるということは起こらない．すなわち，ソフトウェアの故障形態は DFR 型であり，ハードウェアにみられる摩耗故障による故障率の増大は発生しない．この特性により，テスト工程において発見されたフォールトが修正されれば，そのフォールトに起因する故障形態が再度発生することはないため，フォールトの発見と修正を繰り返していくことにより，ソフトウェアの信頼性は次第に向上していくという考え方の下で信頼性の定量的評価を行った方がよい．こういった目的のために，テストの進行と共にソフトウェアの信頼性が次第に向上していく過程を理論的に再現し得る数理モデルが提案されてきている．これをソフトウェア信頼度成長モデル (software reliability growth model) という．

テスト工程の進捗状況を数量化するには，テスト工程における時間の計測方法と，発見され修正されたフォールトの数の計測方法をあらかじめ定めておか

---

*1) 日本語では，プログラム上の不正をエラーと表現することの方が多いが，英語では error と fault は区別して使用するのが通例である．

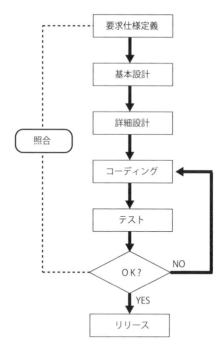

図 8.3 ソフトウェア開発工程の模式図

なければならない．時間については，テスト工程において稼働させたテストプログラムの実行時間で測る方式（テスト時間とよばれる）と，テスト開始から実際に経過した時間（カレンダー時間などとよばれる）の2つの方法がある．一方，フォールトの数のカウントについては，ソースプログラムの行数でカウントする方法と，命令コード数でカウントする方法などがある．ソースプログラムの行数でのカウントは，ソースプログラムを作成した言語に依存するので注意が必要である．

次に，テスト工程におけるソフトウェア内のフォールト数の時間変化を定式化する必要がある．この定式化には，基本的に2つのアプローチがある．第1のアプローチは，テスト工程におけるフォールトの検出時刻列の検出時間間隔を計測する方法で，図 8.4 にその概念図を示す．すなわち，$(i-1)$ 番目のフォールトの検出時刻から，i 番目のフォールトの検出時刻までの時間を T_i $(i=1,2,\cdots)$ とし，これらを確率変数の列とみなす．

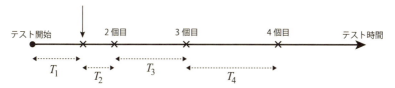

図 8.4　ソフトウェアテスト工程におけるフォールトの検出の時系列

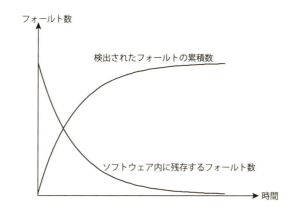

図 8.5　ソフトウェアテスト工程における検出されたフォールト数とソフトウェア内の残存フォールト数の時間変化の模式図

　第 2 のアプローチは，与えられた時刻までに検出されたフォールトの総数を時間の関数として追う方法である．テスト工程においては，フォールトを検出するごとに修正作業を行って取り除いていくことから，検出されたフォールトの総数が増えていくにつれて，ソフトウェア内に残存するフォールトの数は次第に減少していく．この関係を模式的に表現したのが図 8.5 である．

　ソフトウェアを信頼性の観点から考える場合，テスト工程におけるフォールトの検出に関しては不確実性が存在するので，検出されたフォールトの総数は時間と共に不規則に変動していくことになる．したがって，時刻 t までに検出されたフォールトの総数は，t が増加するにつれて不規則に変動する確率過程とみなさなければならない．

8.3.2 NHPP モデル

テスト工程の開始時刻を $t=0$ とし，時刻 $t\,(\geq 0)$ までにテストにおいて発見したソフトウェアフォールトの累積数を $N(t)$ と表す．8.3.1 項で述べたように，$N(t)$ が計数過程 [*2)] であるものとする．

フォールトの発見とその修正については次の点を仮定できるものとする．

- 発見されたフォールトはすべて修正・除去される．
- 修正に要する時間は無視できるものとし，修正作業において，新たなフォールトの作り込みは発生しないものとする．
- 各フォールトの発見は独立である．

第3の仮定の下では，$N(t)$ は独立増分を持つ計数過程となるが，微小時間区間 $[t, t+\Delta t]$ での $N(t)$ の増分に関して次が成立するものとする．

$$P(N(t+\Delta t) - N(t) = n) = \begin{cases} 1 - \lambda(t)\Delta t + o(\Delta t) & (n=0) \\ \lambda(t)\Delta t + o(\Delta t) & (n=1) \\ o(\Delta t) & (n=2,3,\cdots) \end{cases} \quad (8.1)$$

特に，$n \geq 2$ について式 (8.1) の推移確率が高次の微小量となる性質は**希少性** (rarity) とよばれ，同時に2個以上のフォールトの発見・修正は行われ得ないことに対応している．この性質と独立増分を有するという点から，$N(t)$ の確率分布は次のようになる．

$$P(N(t) = n) = \frac{\{\Lambda(t)\}^n}{n!}\mathrm{e}^{-\Lambda(t)} \quad (n=0,1,2,\cdots) \quad (8.2)$$

$$\Lambda(t) = \int_0^t \lambda(s)ds \quad (8.3)$$

この計数過程を**非同次ポアソン過程** (nonhomogeneous Poisson process = NHPP) といい，$\lambda(t)$ を**強度関数** (intensity function)，$\Lambda(t)$ を**平均値関数** (mean function) という [*3)]．

[*2)] 非負の整数値を取る確率過程で，時間変数の増加に対して減少しない過程を**計数過程** (counting process) とよぶ．

[*3)] 独立増分を有する確率過程が確率連続とよばれる性質を有するとき，レビィ過程とよばれる．レビィ過程が計数過程であれば，それはポアソン過程か非同次ポアソン過程に限られることが数学的に証明されている

a. 指数型モデル

フォールトの検出率,すなわち累積検出フォールト数の時間微分は,ソフトウェア内の残存フォールト数が多いほど高くなり,少なくなるにつれてフォールトの検出が難しくなって低下していくと考えられる.この関係をフォールト検出の平均値で表現すると

$$\frac{d\Lambda(t)}{dt} = b\{a - \Lambda(t)\} \quad (8.4)$$

が得られる.ここで,a はテスト開始前の時点でソフトウェア内に潜在する総フォールト数の期待値を表す正値パラメーターであり,b は単位時間当たり,残存平均フォールト数1個当たりの平均フォールト検出率を与える正値パラメーターである.式 (8.4) を初期条件 $\Lambda(0) = 0$ の下で積分すると,

$$\Lambda(t) = a\{1 - \exp(-bt)\} \quad (8.5)$$

となることがわかる.平均値関数を式 (8.5) で記述する NHPP モデルは,ゴエル (A. L. Goel) と奥本[36]により提案されたもので,**指数型ソフトウェア信頼度成長モデル** (exponential software reliability growth model) などとよばれている.

b. 遅延 S 字型モデル

遅延 S 字型ソフトウェア信頼度成長モデル (delayed S-shaped software reliability growth model) とは,山田・尾崎[28]により提案されたモデルで,ソフトウェア故障の原因解析に時間を要することからフォールトの検出・除去に遅れが生じるという効果を取り入れたモデルである.

このモデルの特徴は,フォールト数の時間変動と,それに引き続くソフトウェア故障の認知過程を連立させている点にあり,フォールト数の時間変動は上述の指数型モデルを用いている.すなわち,$m_f(t)$ を時刻 t までに発見される総フォールト数の期待値とし,これは次式で記述されるものとする.

$$\frac{dm_f(t)}{dt} = b\{a - m_f(t)\} \quad (8.6)$$

ここで,a, b は指数型モデルと同じパラメーターである.次に,内包されるフォールトの認知を経て発見される総フォールト数の期待値 $\Lambda(t)$ は,

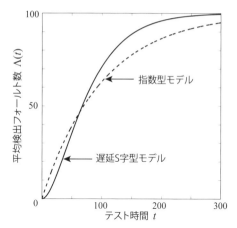

図 8.6　NHPP モデルにおける平均検出フォールト数の時間変化の様子

$$\frac{d\Lambda(t)}{dt} = c\{m_f(t) - \Lambda(t)\} \tag{8.7}$$

により時間変動が記述される．ここで c はエラー認知率を表す．$c = b$ が成立する場合は，これらの連立方程式の解は次式となる．

$$\Lambda(t) = a\{1 - (1 + bt)\mathrm{e}^{-bt}\} \tag{8.8}$$

図 8.6 は，指数型モデルと遅延 S 字型モデルでの，累積検出フォールト数の期待値 $\mathrm{E}\{N(t)\}$ を時間の関数としてプロットしたものである．

c.　NHPP モデルと信頼性評価尺度

ソフトウェア信頼度成長モデルでは，デバッグ作業の進行により，信頼性が次第に上昇していく様子を定量化するような信頼性評価尺度を与えなければならない．修正除去されたフォールトが時間の経過と共に再び出現するということは起こらないので，フォールトが除去されたという条件の下での条件付確率を用いて表現する必要がある．

時刻 $t\ (\geq 0)$ までテスト工程が進行し，検出されたソフトウェアフォールトがすべて修正され，プログラムコード上からは除去されたという条件の下で，その後の時間区間 $(t, t+\tau]\ (\tau \geq 0)$ でフォールトが検出されない確率を $R(\tau|t)$ と表し，これをソフトウェア信頼度 (software reliability) と定める．NHPP モデルにおいては，NHPP が独立増分を有することから，ソフトウェア信頼度 $R(\tau|t)$

は，時間区間 $(t, t+\tau]$ $(\tau \geq 0)$ でフォールトが1つも検出されない確率に等しい．したがって，

$$R(\tau|t) = \exp\{-\Lambda(t+\tau) + \Lambda(t)\} \tag{8.9}$$

が得られる．式 (8.9) において，t を固定して τ を増加させると，

$$\frac{\partial}{\partial \tau} R(\tau|t) = -\lambda(t+\tau)\exp\{-\Lambda(t+\tau) + \Lambda(t)\} \leq 0$$

となるので，テスト時間が t の後にさらに経過していくにつれてソフトウェア信頼度は低下していく．この挙動は，通常の信頼度関数の定義における信頼度の時間減少性と同じである．これに対して，逆に式 (8.9) において，τ を固定して t を増加させると，

$$\frac{\partial}{\partial t} R(\tau|t) = \{-\lambda(t+\tau) + \lambda(t)\}\exp\{-\Lambda(t+\tau) + \Lambda(t)\}$$

となるが，フォールト検出率 $\lambda(t)$ が減少関数であれば上式は正となり，テスト時間 t が増加するにつれて信頼度が次第に増加していくことになる．これは，テスト工程の進行に伴って，ソフトウェア内の内蔵フォールト数が次第に減少し，その結果としてソフトウェアの信頼性が次第に向上していくことを表している．ソフトウェア信頼度成長モデルという名称はこの性質に基づくものである．図 8.7 は，指数型 NHPP モデルにおいて，いくつかの τ の値に対して，ソフトウェア信頼度 $R(\tau|t)$ がテスト時間 t の増加に従って次第に上昇していく様子を描いたものである．

次に，フォールトの検出間隔に関する統計量を考えよう．NHPP は独立増分を持つので，時刻 t までに検出されたフォールトがすべて修正除去されたという条件下で，次のフォールトが発生するまでの時間 T の確率分布関数は，

$$P(T \leq s) = P(N(t+s) - N(t) \geq 1) = 1 - \exp\{-\Lambda(t+s) + \Lambda(t)\}$$

となる．これを s で微分することにより，フォールトの発生間隔 T の確率密度関数が得られるので，それより算出される期待値

$$\mathrm{MTBF} = \int_0^\infty s\lambda(t+s)\exp\{-\Lambda(t+s) + \Lambda(t)\}ds$$

が，時刻 t までに検出されたフォールトがすべて修正除去されたという条件下での条件付きの MTBF を与えることになる．

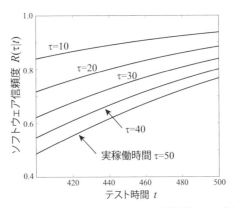

図 8.7 NHPP モデルにおけるソフトウェア信頼度のテスト時間依存性

8.3.3 2項モデル

NHPP モデルでは,フォールトの検出率が時間と共に変化することは考慮に入れているが,その時点でのソフトウェアシステムの状態,すなわち,ソフトウェア内にどれだけのフォールトが残存しているかという点は直接的には考慮されていない.この影響はあくまで平均的な形でのフォールト検出率の時間変化という形で数学的に表現されている.したがって,例えばテスト初期に多くのフォールトが検出・除去されるか否かに依らずに,経過時間だけで検出率が決まることになるが,実際にはテスト初期に多くのフォールトが除去されれば検出率は急速に下がるはずである.こういった点をフォールト検出率のモデル化に取り入れたモデルの1つに,**2項モデル** (binomial model) とよばれるモデルがある.

時刻 t でのソフトウェア内に残存しているフォールト数を $M(t)$ とし,これは非負整数値を取るマルコフ連鎖で,NHPP モデルと同様に希少性を有する減少過程であるものとする.NHPP モデルでは,フォールトの検出確率が状態 $M(t)$ には直接依存しないものとしていたが,残存フォールト数が多くなるほど検出確率が大きくなると考え,それが残存フォールト数に比例すると仮定できるものとする.すなわち,微小時間間隔 $(t, t+\Delta t]$ での状態推移確率が次式で与えられるものとする.

$$P(M(t+\Delta t)=m-1|M(t)=m)=\alpha(t)m\Delta t+o(\Delta t)$$

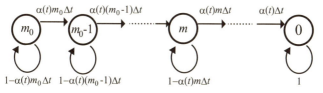

図 8.8 2 項モデルにおけるマルコフ状態推移図

$$(m = 1, 2, \cdots, m_0)$$
$$P(M(t + \Delta t = 0 | M(t) = 0) = 1 \tag{8.10}$$

このマルコフ連鎖の状態推移の様子を描いたのが図 8.8 である．

$M(t)$ の推移確率分布を

$$F_M(m, t | m_0) = P(M(t) = m | M(0) = m_0) \quad (m = 0, 1, \cdots, m_0) \tag{8.11}$$

と表す．以下では $g(m) = m$, すなわち，フォールト検出率のソフトウェア内部状態への依存については残存フォールト数に比例するものとして，$F_M(m, t | m_0)$ を導出することとしよう．式 (8.10) のマルコフ推移確率により，式 (8.11) で定義される推移確率 $F_M(m, t | m_0)$ が満たすコルモゴロフの前進方程式は，

$$\frac{d}{dt} F_M(m, t | m_0) = -\alpha(t) m F_M(m, t | m_0) + \alpha(t)(m+1) F_M(m+1, t | m_0)$$
$$(m = 0, 1, \cdots, m_0 - 1)$$
$$\frac{d}{dt} F_M(m_0, t | m_0) = -\alpha(t) m_0 F_M(m_0, t | m_0) \tag{8.12}$$

となることがわかる．初期条件は

$$F_M(m, 0 | m_0) = \delta_{m, m_0} = \begin{cases} 1 & (m = m_0) \\ 0 & (m \neq m_0) \end{cases} \tag{8.13}$$

である．

まず，式 (8.12) の第 2 式を，初期条件式 (8.13) の下で解くと，

$$F_M(m_0, t | m_0) = \exp\{-A(t) m_0\}$$

が得られる．ここで，$A(t)$ は，フォールト検出能力の時刻 t までの累積値を表す関数で，

$$A(t) = \int_0^t \alpha(s) \tag{8.14}$$

で定義される関数である．次に，式 (8.12) の第 1 式を，$F_M(m+1,t|m_0)$ が与えられたという条件の下で $F_M(m,t|m_0)$ について解くと，初期条件式 (8.13) を考慮して，

$$F_M(m,t|m_0) = e^{-mA(t)} \int_0^t e^{mA(s)} \alpha(s)(m+1) F_M(m+1,s|m_0) ds$$

が得られる．ここで，$m = m_0 - 1$ として，$F_M(m_0,t|m_0)$ について解いた結果を代入すると，

$$F_M(m_0-1,t|m_0) = m_0 e^{-A(t)(m_0-1)} \left(1 - e^{-A(t)}\right)$$

となり，さらに $m = m_0 - 2$ としてこの結果を代入すると，

$$F_M(m_0-2,t|m_0) = \frac{1}{2} m_0(m_0-1) e^{-A(t)(m_0-2)} \left(1 - e^{-A(t)}\right)^2$$

となることがわかる．以下，この作業を繰り返すことにより，式 (8.12) の解として次式を得ることができる．

$$F_M(m,t|m_0) = {}_{m_0}C_m \, e^{-mA(t)} \left(1 - e^{-A(t)}\right)^{m_0-m} \tag{8.15}$$

したがって，$M(t)$ の従う確率分布は 2 項分布であり，その平均および分散は次式で与えられる．

$$E\{M(t)\} = e^{-A(t)}, \quad \text{Var}\{M(t)\} = e^{-A(t)} \left(1 - e^{-A(t)}\right) \tag{8.16}$$

式 (8.15) は最初にシャンティクマー (J. G. Shanthikumar)[44] により導かれ，m_0 が十分に大きく，同時に $\alpha(t)$ が十分に小さい極限状態で，この分布がポアソン分布に移行することから，NHPP モデルと矛盾しないモデルであるとされた．これに対して，著者らの研究[29] では，初期内蔵フォールト数 m_0 を正確に知ることが難しいことからこれを確率変数と考え，全確率の公式を適用して $M(t)$ の確率分布を導くことにより，さまざまな分布形に帰着し得ることを明らかとした．すなわち，$p_{m_0} = P(M(0) = m_0) \; (m_0 = 0,1,2,\cdots)$ とするとき，$M(t)$ の従う確率分布は，

$$P(M(t) = m) = \sum_{m_0(\geq m)} F_M(m,t|m_0) p_{m_0} \tag{8.17}$$

で与えられる．この初期分布の形状に応じて，残存フォールト数の分布形も変

化していくことになる.

式 (8.10) は，フォールト検出率の残存フォールト依存性を非線形とするモデルに拡張が可能である．すなわち，式 (8.10) を,

$$P(M(t + \Delta t) = m - 1 | M(t) = m) = \alpha(t)g(m)\Delta t + o(\Delta t)$$
$$(m = 1, 2, \cdots, m_0) \quad (8.18)$$

と拡張する．ここで，$g(m)$ は $g(0) = 0$ を満たす正値増加関数である．このように拡張した場合，残存フォールト数 $M(t)$ の従う確率分布は 2 項分布とはならず，また式 (8.15) のように推移確率分布を解析的な形で与えることは困難となる.

例題 8.3 初期内蔵フォールト数の分布が，μ を正のパラメーターとして

$$p_{m_0} = \frac{\mu^{m_0}}{m_0!}\mathrm{e}^{-\mu} \quad (m_0 = 0, 1, 2, \cdots)$$

というポアソン分布となるとき，式 (8.17) に従って，時刻 t での内蔵フォールト数の従う確率分布を求めよ.

[解答] 式 (8.17) に初期分布を代入すると,

$$\begin{aligned}
P(M(t) = m) &= \sum_{m_0=m}^{\infty} \frac{m_0!}{m!(m_0-m)!} \\
&\quad \times \mathrm{e}^{-A(t)(m_0-m)}(1-\mathrm{e}^{-A(t)})^m \frac{\mu^{m_0}}{m_0!}\mathrm{e}^{-\mu} \\
&= \frac{\mu^m(1-\mathrm{e}^{-A(t)})^m}{m!}\mathrm{e}^{-\mu} \sum_{m_0=m}^{\infty} \frac{\mathrm{e}^{-A(t)(m_0-m)}\mu^{m_0-m}}{(m_0-m)!} \\
&= \frac{\left\{\mu(1-\mathrm{e}^{-A(t)})\right\}^m}{m!} \exp\left\{-\mu(1-\mathrm{e}^{-A(t)})\right\}
\end{aligned}$$

が得られる．したがって，この場合 $M(t)$ の従う分布はポアソン分布となる.
□

例題 8.4 初期内蔵フォールト数の分布を考慮した式 (8.17) に基づいて，2 項モデルにおけるソフトウェア信頼度を導出せよ.

[解答] 時刻 t までに k 個のフォールトが検出され，すべて除去された

という条件の下で，その後の時間間隔 τ でフォールトが検出されない確率は $P(M(t+\tau)=k|M(t)=k)$ で与えられる．したがって，全確率の公式を用いることにより，ソフトウェア信頼度は

$$R(\tau|t) = \sum_{k=0}^{\infty} P(M(t+\tau)=k|M(t)=k)P(M(t)=k)$$

で算出される．$P(M(t+\tau)=k|M(t)=k)$ は，式 (8.12) の第2式を解く手順と同じようにして，

$$P(M(t+\tau)=k|M(t)=k) = \exp\left\{-k\int_t^{t+\tau} \alpha(s)ds\right\}$$
$$= \exp\{-kA(t+\tau)+kA(t)\}$$

となることがわかるので，これと式 (8.15)，式 (8.17) を上式に代入することにより，次式が得られる．

$$R(\tau|t) = \sum_{k=0}^{\infty}\left[\mathrm{e}^{-kA(t+\tau)}(1-\mathrm{e}^{-A(t)})^{-k}\sum_{m_0(\geq k)} {}_{m_0}\mathrm{C}_k\ (1-\mathrm{e}^{-A(t)})^{m_0} p_{m_0}\right] \quad (8.19)$$

□

8.3.4 不完全デバッグモデル

NHPP モデルおよび2項モデルでは，テスト工程において発見されたフォールトは必ず修正除去される点を仮定したが，実際には，フォールトに起因するソフトウェアエラーを，修正作業では完全には取り除けないということがしばしば起こる．フォールトの除去が可能かどうかは，発見されたフォールトの性質やテスト工程の進捗状況などに依存すると考えられるため，確率的にしか判断できないと考える必要がある．このようなモデルは，**不完全デバッグモデル** (imperfect debug model) とよばれている．不完全デバッグモデルには，デバッグの不完全性をフォールト検出率関数に反映させて，NHPP モデルをベースに部分的に修正するというモデルと，8.3.3項で述べた2項モデルのように，推移確率が状態に依存するようなマルコフ連鎖を用いるモデルがある．ここでは，2項モデルに不完全デバッグの効果を取り入れたモデルについて概要を述べる．

テストによるフォールトの発見は，8.3.3 項で述べた 2 項モデルと同じ原理で記述できるものとし，テストによってフォールトが発見されたという条件の下で，確率 $q\ (0 < q \leq 1)$ でそのフォールトの修正除去に成功し，確率 $\bar{q} \equiv 1 - q$ で修正除去に失敗するものとする．ただし，フォールトの修正除去作業において，新たなフォールトの作り込みは考えないものとし，修正除去に失敗した場合は，残存フォールト数は変化しないものとする．時刻 t でソフトウェア内に残存しているフォールト数を $M(t)$，時刻 t までにテストによって発見されたフォールトの累積数を $N(t)$ とし，初期の内蔵フォールト総数 $M(0) = m_0$ は定数であるものとする．デバッグの不完全性を考慮しない 2 項モデルでは，$M(t) + N(t) = m_0$ があらゆる時刻で確率 1 で成立するが，不完全デバッグ下ではこの関係は成立せず，

$$m_0 - N(t) \leq M(t) \leq m_0$$

という不等式しか成立しない．このため，$N(t)$ の取り得る値は上に有界ではない点には注意が必要である．また，発見された累積フォールト数 $N(t)$ は単独ではマルコフ連鎖とはならず，$M(t)$ と共に時間推移を考えなければならない．

$M(t) = m$, $N(t) = n$ となる状態を (m, n) と表すと，上述の仮定から，2 変量の過程 $(M(t), N(t))$ の状態推移は，図 8.9 のようになる．ただし，図 8.9 中グレーで表示した状態は吸収状態であり，見にくくなることを避けるために，各状態からの推移確率は異なる状態への推移のみを表示し，自分自身に留まる確率は表示していない．$(M(t), N(t))$ の同時推移確率分布を

$$F_{MN}(m, n, t | m_0) = P(M(t) = m, N(t) = n | M(0) = m_0) \qquad (8.20)$$

と定義すると，図 8.9 の状態推移図から，コルモゴロフの前進方程式は次のようになる．

(i) 状態 $(m_0, 0)$ の推移

$$\frac{\partial}{\partial t} F_{MN}(m_0, 0, t | m_0) = -\alpha(t) m_0 F_{MN}(m_0, 0, t | m_0) \qquad (8.21)$$

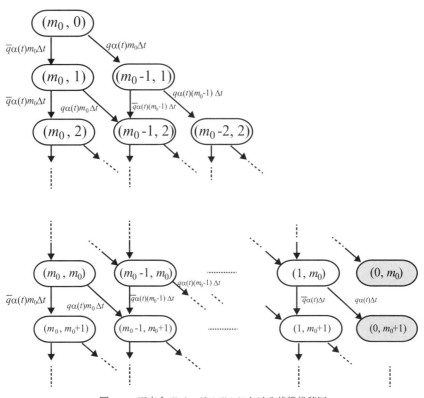

図 8.9 不完全デバッグモデルにおける状態推移図

(ii) $m = m_0$ となる状態(デバッグにすべて失敗する場合)の推移

$$\frac{\partial}{\partial t}F_{MN}(m_0, k, t|m_0) = -\alpha(t)m_0 F_{MN}(m_0, k, t|m_0) \\ + \bar{q}\alpha(t)m_0 F_{MN}(m_0, k-1, t|m_0)$$

$$(k = 1, 2, 3, \cdots) \quad (8.22)$$

(iii) $m + n = m_0$ となる状態(デバッグにすべて成功する場合)の推移

$$\frac{\partial}{\partial t}F_{MN}(m, m_0 - m, t|m_0) \\ = -\alpha(t)m F_{MN}(m, m_0 - m, t|m_0) \\ + q\alpha(t)(m+1)F_{MN}(m+1, m_0 - m - 1, t|m_0)$$

$$(m = 0, 1, \cdots, m_0 - 1) \quad (8.23)$$

(iv) それ以外の状態の推移

$$\frac{\partial}{\partial t}F_{MN}(m,n,t|m_0)$$
$$= -\alpha(t)mF_{MN}(m,n,t|m_0)$$
$$+ q\alpha(t)(m+1)F_{MN}(m+1,n-1,t|m_0)$$
$$+ \bar{q}\alpha(t)mF_{MN}(m,n-1,t|m_0)$$
$$(m=0,1,\cdots,m_0-1;\ n=m_0-m+1,m_0-m+2\cdots) \quad (8.24)$$

そして,初期条件は次式となる.

$$F_{MN}(m,n,0|m_0) = \begin{cases} 1 & (m=m_0,\ n=0) \\ 0 & (それ以外) \end{cases} \quad (8.25)$$

式 (8.22) から式 (8.24) の辺々を n について加え合わせて整理することにより, $M(t)$ に関する周辺分布

$$F_M(m,t|m_0) = \sum_{n=m_0-m}^{\infty} F_{MN}(m,n|m_0) \quad (m=0,1,\cdots,m_0) \quad (8.26)$$

が満たす微分方程式は次のようになることがわかる.

$$\frac{\partial}{\partial t}F_M(m,t|m_0)$$
$$= -q\alpha(t)mF_M(m,t|m_0) + q\alpha(t)(m+1)F_M(m+1,t|m_0)$$
$$(m=0,1,\cdots,m_0-1)$$
$$\frac{\partial}{\partial t}F_M(m_0,t|m_0) = -q\alpha(t)m_0F_M(m_0,t|m_0) \quad (8.27)$$

この結果を,8.3.3 項で述べた 2 項モデルにおける前進方程式 (8.12) と比較すると,フォールト検出率を $\alpha(t)$ から $q\alpha(t)$ に置き換えた 2 項モデルと同じであることがわかる.したがって,ソフトウェア内の残存フォールト数 $M(t)$ に関する統計量は,すべて 8.3.3 項での結果で $\alpha(t)$ を $q\alpha(t)$ に置き換えることにより得ることができる.

一方,検出フォールト数 $N(t)$ の推移分布を陽に求めるのは容易ではないが,その条件付期待値 $\mathrm{E}\{N(t)|M(0)=m_0\}$ は,次の微分方程式を満たすことを,上述の前進方程式から直接示すことができる.

$$\frac{d}{dt}\mathrm{E}\{N(t)|M(0)=m_0\} = \alpha(t)\mathrm{E}\{M(t)|M(0)=m_0\} \qquad (8.28)$$

この結果は，次のようにしても導出することができる．$M(t) = m$ という条件下で，微小時間区間 $(t, t+\Delta t]$ で発見されるフォールトの個数 $\Delta N(t)$ は，図 8.9 の状態推移図から，平均が $m\alpha(t)\Delta t$ のポアソン分布に従うことがわかるので，全確率の公式を適用すると，

$$\begin{aligned}&\mathrm{E}\{\Delta N(t)|M(0)=m_0\}\\&= \sum_{m=0}^{m_0} m\alpha(t)\Delta t P(M(t)=m|M(0)=m_0) + o(\Delta t)\\&= m\alpha(t)\Delta t \mathrm{E}\{M(t)|M(0)=m_0\} + o(\Delta t)\end{aligned}$$

が成立することがわかる．この両辺を Δt で割って，$\Delta t \to 0$ の極限を取ることにより，式 (8.28) を得ることができる．式 (8.14) で $\alpha(t)$ を $q\alpha(t)$ に置き換えることにより，$\mathrm{E}\{M(t)|M(0)=m_0\} = \mathrm{e}^{-qA(t)}$ が得られるので，これを式 (8.28) に代入し，$\mathrm{E}\{N(0)|M(0)=m_0\} = 0$ の下で積分することにより，次式が得られる．

$$\frac{d}{dt}\mathrm{E}\{N(t)|M(0)=m_0\} = \frac{m_0}{q}\left(1 - \mathrm{e}^{-qA(t)}\right) \qquad (8.29)$$

以上の結果は，$\alpha(t)$ が一定となる場合について，ゴエルと奥本[37] により与えられている．また，得能・山田らにより，不完全デバッグモデルについてさらに詳しい研究が報告されている[26]．

8.3.5 拡散型モデル

ソフトウェアが大規模となると，内包フォールト数も多くなるため，テスト工程におけるフォールト検出による残存フォールト数の変動は相対的に小さくなる．このような状況下では，フォールト数を連続変動する量でモデル化することも可能となると考えられる．時刻 t でのソフトウェア内に残存しているフォールト数を $M(t)$ とし，その時間変動がソフトウェア内の残存フォールト数に依存して次のように記述されるものとする．

$$\frac{dM(t)}{dt} = -\beta g(M(t)) \qquad (8.30)$$

ここで，$g(x)$ は正の値を取る確定関数で，β は正のパラメーターである．2項モデルで述べたように，ソフトウェア内に残存しているフォールト数が多いほどテストにおいてフォールトの発見が容易であると考えることができるものとすると，$g(x)$ は x の増加関数となる．ここでは簡単のために，$g(x) = x$ という線形関数を用いるものとする．この場合，パラメーター β は，単位時間当たり，残存エラー数1個当たりのフォールト検出数を与えることになる．

つぎに，テスト工程におけるフォールトの除去作業に関する不確実性を，パラメーター β の時間的に不規則な変動で表すものとしよう．このとき，β には時間的に不規則に変動する雑音が加わるが，これを確率過程で表現することにする．すなわち，式 (8.30) を β_0 を正の定数として

$$\frac{dM(t)}{dt} = -\{\beta_0 + Z(t)\}M(t) \tag{8.31}$$

という形にランダム化し，式 (8.31) を式 (7.51) と同様に確率微分方程式であるものとする．雑音を表す確率過程 $Z(t)$ には，エラー検出過程の不規則・不確実性を表現し得るという条件に加えて，確率微分方程式の解である確率過程が，解の確率的性質を追う上で都合のよい性質を有していることが望ましい．具体的には，解である確率過程がマルコフ過程であれば，そのような目的に即している．そこで，$Z(t)$ として 7.5.4 項で述べたモデルと同様に，ガウス型白色雑音 $W(t)$ を用い，σ_0 を不規則性の大きさを表すパラメーターとして，$Z(t) = \sigma_0 W(t)$ という形で表されると仮定する．これを式 (8.31) に代入し，実在の雑音との整合性を取るために，7.5.4 項と同様にワン・ザカイ変換を施した上で伊藤型確率微分方程式に変換すると次のようになる．

$$dM(t) = \left\{-\beta_0 + \frac{1}{2}\sigma_0^2\right\}M(t)dt - \sigma_0 M(t)dB(t) \tag{8.32}$$

ここで，$B(t)$ はウィーナー過程である．式 (8.32) を基本とするモデルは，7.5.4 項で構成した疲労破壊モデルと同様に，拡散型モデルとよばれている[24]．

式 (8.32) で，従属変数を $\widetilde{M}(t) = \log M(t)$ により $\widetilde{M}(t)$ に変換し，伊藤の公式（付録 A.4，式 (A.27)）を適用すると，

$$d\widetilde{M}(t) = \frac{1}{M(t)}\left(-\beta_0 + \frac{1}{2}\sigma_0^2\right)M(t)dt$$
$$- \frac{1}{M(t)}\sigma_0 dB(t) + \frac{1}{2}\left(-\frac{1}{M(t)^2}\right)\sigma_0^2 M(t)^2 dt$$

$$= -\beta_0 dt - \sigma_0 dB(t)$$

となるので,これを初期条件 $\widetilde{M}(0) = \log m_0$ の下で積分することにより,

$$\widetilde{M}(t) = \log m_0 - \beta_0 t - \sigma_0 B(t)$$

が得られる.ただし,$m_0 \ (> 0)$ は,初期(テスト開始時)にソフトウェアに内包されていたフォールトの総数である.これより,式 (8.32) の解が次のように解析的な形で得られる.

$$M(t) = m_0 \exp\{-\beta_0 t - \sigma_0 B(t)\} \tag{8.33}$$

次に,得られた解を用いて,解の推移確率分布関数,すなわち,ソフトウェア内に残存するフォールト数の推移確率分布を求めよう.初期内蔵フォールト数 m_0 が所与の下での $M(t)$ の確率分布関数,いわゆる推移確率分布関数は,

$$P(M(t) \leq m | M(0) = m_0) = P(m_0 \exp\{-\beta_0 t - \sigma_0 B(t)\} \leq m)$$
$$= P\left(B(t) \geq \frac{-\log m + \log m_0 - \beta_0 t}{\sigma_0}\right)$$

と変形することができる.これより,ウィーナー過程 $B(t)$ が平均ゼロ,分散 t の正規分布に従うことを用いると,残存フォールト数 $M(t)$ の推移確率分布関数は次式で与えられることがわかる.

$$P(M(t) \leq m | M(0) = m_0) = 1 - \Phi\left(\frac{-\log m/m_0 - \beta_0 t}{\sigma_0 \sqrt{t}}\right)$$
$$= \Phi\left(\frac{\log m/m_0 + \beta_0 t}{\sigma_0 \sqrt{t}}\right) \tag{8.34}$$

ここで,Φ は式 (2.22) で定義される標準正規分布の確率分布関数であり,その対称性から $1 - \Phi(x) = \Phi(-x)$ を満たすことを用いている.したがって,残存フォールト数 $M(t)$ は,対数平均が $\log m_0 - \beta_0 t$,対数標準偏差が $\sigma_0 \sqrt{t}$ の対数正規分布に従うことがわかる[*4].

[*4] 残存フォールト数の分布が $M(t) > m_0$ の領域においても存在するのは,ウィーナー過程 $B(t)$ が正規分布に従う雑音であることによる.このことは,デバッグ作業が失敗する場合や,デバッグ作業によって新たなフォールトが作り込まれてしまう場合を表現できていると考えることもできる.

2.2.4 項の式 (2.29) を用いることにより，残存フォールト数 $M(t)$ の平均および分散は次式で与えられる．

$$\mathrm{E}\{M(t)\} = m_0 \mathrm{e}^{-\beta_0 t + \frac{1}{2}\sigma_0^2 t} \tag{8.35}$$

$$\mathrm{Var}\{M(t)\} = m_0^2 \mathrm{e}^{-2\beta_0 t + \sigma_0^2 t} \left(\mathrm{e}^{\sigma_0^2 t} - 1 \right) \tag{8.36}$$

一方，$N(t)$ を時刻 t までに検出して除去したフォールトの累積数とすると，$N(t)$ と $M(t)$ は $N(t) + M(t) = m_0$ を満たすことから，$N(t)$ の平均と分散は次のようになる．

$$\mathrm{E}\{N(t)\} = m_0 \left(1 - \mathrm{e}^{-\beta_0 t + \frac{1}{2}\sigma_0^2 t} \right), \quad \mathrm{Var}\{N(t)\} = \mathrm{Var}\{M(t)\} \tag{8.37}$$

例題 8.5 拡散モデルにおいて，微小時間区間 $[t, t+\Delta t]$ での残存フォールト数 $M(t)$ の微小変化量 $\Delta M(t) = M(t+\Delta t) - M(t)$ に対して，$-\Delta t / \Delta M(t)$ は，この微小時間区間におけるソフトウェアフォールトの検出間隔，すなわち，ソフトウェア故障の発生間隔を与えるので，

$$-\lim_{\Delta t \to 0} \frac{\Delta t}{\Delta M(t)} = -\frac{dt}{dM(t)}$$

は時刻 t における瞬間的なソフトウェア故障発生間隔を表すので，その期待値は，いわゆる瞬間 MTBF を与える．ここでは，これを簡単のために

$$\mathrm{MTBF}(t) = \frac{dt}{\mathrm{E}\{dM(t)\}} \tag{8.38}$$

で評価し得るものとして，$\mathrm{MTBF}(t)$ を t の関数として表せ．

[解答] 式 (8.12) の両辺の期待値を取ると，$B(t)$ が独立増分性を持つため $M(t)$ と $dB(t)$ が独立になること，および，$\mathrm{E}\{dB(t)\} = 0$ となることから，

$$\mathrm{E}\{dM(t)\} = \left(-\beta_0 + \frac{1}{2}\sigma_0^2 \right) \mathrm{E}\{M(t)\} dt$$

が成立する．これに式 (8.35) を代入し，さらに式 (8.38) に代入することにより，瞬間 MTBF が次のように得られる．

$$\mathrm{MTBF}(t) = \frac{\mathrm{e}^{\beta_0 t - \frac{1}{2}\sigma_0^2 t}}{m_0 \left(\beta_0 - \frac{1}{2}\sigma_0^2 \right)} \tag{8.39}$$

□

8.3.6 コックス型モデル

NHPP は,ポアソン過程において,その強度が時間の関数として変動するように拡張されているが,これをさらに一般化して,強度の時間変化が確率過程となるものを,コックス過程 (Cox process),あるいは二重確率ポアソン過程 (doubly stochastic Poisson process) とよぶ.確率過程に拡張された強度を,**強度過程** (intensity process) とよび,これは非負の値を取る確率過程であるものとする.このコックス過程をテスト工程におけるフォールトの検出過程として用いるモデルが考えられる.

コックス過程を用いるモデルでは,強度過程をあらかじめ与えてコックス過程を構成する方法と,一種の確率微分方程式を通じて強度過程を構成する方法がある.後者の方法は,NHPP モデルや 2 項モデルのようなマルコフ連鎖における状態推移を,拡散型モデルでの確率微分方程式に対応する技法により記述する方法であり,今後の発展が期待できる.

演 習 問 題

問題 8.1 N-バージョン・プログラミングにおいて,すべてのバージョンで信頼度が q $(0 < q < 1)$ で同一であるものとする.$N = 4$ および $N = 5$ の場合について,N-バージョン・プログラミングによるソフトウェアの信頼度が,単体の信頼度 q を上回るための q に関する条件を求めよ.

問題 8.2 例題 8.2 の 2) の 2 バージョンのリカバリー・ブロックにおいて,受入テストの信頼度 q が,あるしきい値 q_c を上回ると,信頼度 R が単体の信頼度 r を上回るようになる.このしきい値 q_c を r を用いて表せ.

問題 8.3 指数型 NHPP モデルでの平均フォールト検出数の時間変動を与える式 (8.4) において,フォールト検出率 b が一定ではなく,残存するフォールトのうち比率 r $(0 < r \leq 1)$ は検出が容易で指数型モデルと同様の検出が可能であるが,残りは先立つフォールト発見が必要であるため,フォールトの検出数に比例した形で次第に検出率が上がっていくというケースを考える.ただし,この比率 r は一定であるものとする.このとき,式 (8.4) 中の b は定数ではな

く，次のような $\Lambda(t)$ に依存する関数となる．

$$b = \beta_0 \left\{ r + (1-r)\frac{\Lambda(t)}{a} \right\}$$

ここで，β_0 は指数型モデルでの検出率に相当する正の定数である．この NHPP モデルは，**習熟 S 字型モデル** (inflection S-shaped model) とよばれている [*5]．このときの $\Lambda(t)$ を t の関数として表せ．

問題 8.4 8.3.3 項で述べた 2 項モデルにおいて，初期内蔵フォールト数の分布が次の分布となる場合について，時刻 t での残存フォールト数 $M(t)$ の確率分布を求めよ．

1) K を正の整数，η を $0 < \eta < 1$ を満たす定数として，次式で与えられる 2 項分布（$m_0 > K$ では $p_{m_0} = 0$ とする）

$$p_{m_0} = {}_K C_{m_0} \eta^{m_0} (1-\eta)^{K-m_0} \quad (m_0 = 0, 1, \cdots, K)$$

2) η を $0 < \eta < 1$ を満たす定数として，次式で与えられる幾何分布

$$p_{m_0} = (1-\eta)\eta^{m_0} \quad (m_0 = 0, 1, 2, \cdots)$$

問題 8.5 8.3.3 項で述べた 2 項モデルにおいて，初期内蔵フォールト数の分布が次の分布となる場合について，ソフトウェア信頼度 $R(\tau|t)$ を導出せよ．

1) 例題 8.3 で与えたポアソン分布

2) K を正の整数，η を $0 < \eta < 1$ を満たす定数として，次式で与えられる 2 項分布（$m_0 > K$ では $p_{m_0} = 0$ とする）

$$p_{m_0} = {}_K C_{m_0} \eta^{m_0} (1-\eta)^{K-m_0} \quad (m_0 = 0, 1, \cdots, K)$$

問題 8.6 式 (8.30) において，関数 $g(x)$ は $g(0) = 0$ を満たす微分可能な関数であり，式 (7.50) のように，x が十分大きい領域で線形化の補正が施されているものとする．式 (8.31) と同様に，フォールト検出能力を表す係数 β がガウス型白色雑音 $W(t)$ により，$\beta \to \beta_0 + \sigma_0 W(t)$ とランダム化されているとする．以下の問に答えよ．

[*5] 大場・山田により提案されたもので，たとえば文献[27] を参照されたい．

1) ランダム化された方程式にワン・ザカイ変換を施して，$M(t)$ の従う伊藤型確率微分方程式を導け．
2) 7.5.4 項で述べた解法を参考として，伊藤の公式を適用することにより 1) で導出した伊藤型確率微分方程式の解を導出せよ．

付　録

■■■　A.1　ガンマ関数とベータ関数　■■■

A.1.1　ガンマ関数の定義と主な性質

z を，$z \neq 0,\ z \neq -1,\ z \neq -2, \cdots$ を満たす複素数として，

$$\Gamma(z) = \int_0^\infty t^{z-1} \mathrm{e}^{-t} dt \tag{A.1}$$

で定義される関数 $\Gamma(z)$ をガンマ関数 (gamma function) という [*1]．この定義から，$\Gamma(1) = \int_0^\infty \mathrm{e}^{-t} dt = 1$ は明らかであり，部分積分を用いることにより，

$$\Gamma(z) = (z-1)\Gamma(z-1)$$

が成立することがわかる．これより，z が自然数 n $(n = 1, 2, \cdots)$ に等しい場合は，$\Gamma(n) = (n-1)(n-2)\cdots 1 \cdot \Gamma(1) = (n-1)!$ となるので，

$$\Gamma(n+1) = n! \quad (n = 1, 2, \cdots) \tag{A.2}$$

が成立する．すなわち，ガンマ関数は，自然数に対する階乗を，連続に変動し得る複素数に拡張したものであると言える．

また，$z = 1/2$ として，積分変数を $t^{1/2} = u$ と置換すると，ガウスの積分公式を利用して，

$$\Gamma\left(\frac{1}{2}\right) = \int_0^\infty t^{-1/2} \mathrm{e}^{-t} dt = 2\int_0^\infty \mathrm{e}^{-u^2} du = \int_{-\infty}^\infty \mathrm{e}^{-u^2} du = \sqrt{\pi}$$

が成立することに注意すると，

$$\Gamma\left(\frac{3}{2}\right) = \frac{1}{2}\Gamma\left(\frac{1}{2}\right) = \frac{1}{2}\sqrt{\pi}, \quad \Gamma\left(\frac{5}{2}\right) = \frac{3}{2}\Gamma\left(\frac{3}{2}\right) = \frac{3 \cdot 1}{2^2}\sqrt{\pi}$$

[*1] 式 (A.1) において，べき乗関数 t^{z-1} は複素対数関数を用いて定義される．したがって，$\Gamma(z)$ は一般に複素数値を取る．

となることから，一般の正の半整数（1/2 の奇数倍の形を取る数）に対しては，

$$\Gamma\left(\frac{2n+1}{2}\right) = \frac{(2n-1)(2n-3)\cdots 3\cdot 1}{2^n}\sqrt{\pi} \quad (n=1,2,\cdots) \tag{A.3}$$

が成立することがわかる．

ガンマ関数は，式 (A.1) のような積分表示以外に，さまざまな形で表現し得ることが知られている．例えば，

$$\Gamma(z) = \lim_{n\to\infty} \frac{n!n^z}{x\cdot(z+1)\cdots(z+n)} \tag{A.4}$$

はガウスの表示式とよばれている．また，式 (A.4) の逆数を取って整理すると，

$$\frac{1}{\Gamma(z)} = xe^{\gamma_E z}\prod_{n=1}^{\infty}\left(1+\frac{z}{n}\right)e^{-z/n} \tag{A.5}$$

が得られる．これはワイエルシュトラスの無限乗積表示とよばれる．ここで，γ_E は，

$$\gamma_E = \lim_{n\to\infty}\left(1+\frac{1}{2}+\frac{1}{3}+\cdots+\frac{1}{n}-\log n\right) \tag{A.6}$$

で定義される定数である [*2]．

A.1.2 ガンマ関数の導関数とポリガンマ関数

ガンマ関数 $\Gamma(z)$ は，$z=0$, $z=-1$, $z=-2$, $\cdots$ を除いて解析的，すなわち何回でも微分可能であることが明らかとされており，その対数微分により得られる関数

$$\psi(z) = \frac{d}{dz}(\log\Gamma(z)) = \frac{\Gamma'(z)}{\Gamma(z)} \tag{A.7}$$

はディガンマ関数 (digamma function) とよばれる．さらに高次の微分を施した

$$\psi^{(n)}(z) = \frac{d^{n+1}}{dz^{n+1}}(\log\Gamma(z)) \tag{A.8}$$

を，ディガンマ関数を含めて，ポリガンマ関数 (polygamma function) とよぶ．特に $\psi^{(1)}(x)$ はトリガンマ関数 (trigamma function) とよばれている．

ワイエルシュトラスの無限乗積表示式 (A.5) の両辺の対数を取って微分することにより，

$$\psi(z) = \frac{\Gamma'(z)}{\Gamma(z)} = -\gamma_E + \sum_{n=0}^{\infty}\left(\frac{1}{1+n}-\frac{1}{z+n}\right) \tag{A.9}$$

が得られる．これより，$\Gamma(1)=1$ を用いると，

$$\Gamma'(1) = -\gamma_E \tag{A.10}$$

[*2] オイラーの定数とよばれ，$\gamma_E = 0.577\cdots$ である．

となることがわかる．さらに式 (A.9) を微分することにより，

$$\psi^{(1)}(z) = \frac{\Gamma''(z)\Gamma(z) - (\Gamma'(z))^2}{\Gamma(z)^2} = \sum_{n=0}^{\infty} \frac{1}{(z+n)^2} \quad (A.11)$$

が得られるので，$\Gamma(1) = 1$ および式 (A.10) を用いることにより，

$$\Gamma''(1) = (\gamma_E)^2 + \sum_{n=1}^{\infty} \frac{1}{n^2} = (\gamma_E)^2 + \frac{\pi^2}{6} \quad (A.12)$$

が成立する．

A.1.3 ベータ関数の定義と主な性質

x, y を正の実数として，

$$B(x, y) = \int_0^1 t^{x-1}(1-t)^{y-1} dt \quad (A.13)$$

で定義される関数 $B(x, y)$ をベータ関数 (beta function) という．

式 (A.13) で $t = \sin^2 \theta$ と置換することにより，次のような三角関数の積分で表示することもできる．

$$B(x, y) = 2 \int_0^{\pi/2} \sin^{2x-1} \theta \cos^{2y-1} \theta \, d\theta \quad (A.14)$$

次に，ガンマ関数とベータ関数の間に成立する重要な関係を導いておく．式 (A.13) において，$t = u^2$ と置換すると，

$$\Gamma(x) = \int_0^\infty u^{2(x-1)} e^{-u^2} 2u du = 2 \int_0^\infty u^{2x-1} e^{-u^2} du$$

となるので，$\Gamma(x)$ と $\Gamma(y)$ の積を 2 重積分として表示すると，

$$\Gamma(x)\Gamma(y) = 2 \int_0^\infty u^{2x-1} e^{-u^2} du \cdot 2 \int_0^\infty v^{2y-1} e^{-v^2} dv$$
$$= 4 \int_0^\infty \int_0^\infty u^{2x-1} v^{2y-1} e^{-u^2 - v^2} du dv$$

が得られる．この 2 重積分において，$u = r\cos\phi$, $v = r\sin\phi$ により極座標 (r, ϕ) に積分変数を変換すると，ヤコビアンの計算により $dudv = rdrd\phi$ となることに注意して，

$$\Gamma(x)\Gamma(y) = 4 \int_0^\infty \int_0^{\pi/2} r^{2(x+y)-2} \cos^{2x-1} \phi \, \sin^{2y-1} \phi e^{-r^2} r dr d\phi$$
$$= 4 \int_0^\infty r^{2(x+y)-1} e^{-r^2} dr \int_0^{\pi/2} \cos^{2x-1} \phi \, \sin^{2y-1} \phi \, d\phi$$

$$= 2\int_0^\infty t^{x+y-1}\mathrm{e}^{-t}dt \cdot 2\int_0^{\pi/2} \cos^{2x-1}\phi \, \sin^{2y-1}\phi \, d\phi$$
$$= \Gamma(x+y)B(x,y)$$

と変形することができる.したがって,次の関係が得られる.

$$B(x,y) = \frac{\Gamma(x)\Gamma(y)}{\Gamma(x+y)} \tag{A.15}$$

■■■ A.2 順序統計量 ■■■

ある確率分布(その確率分布関数を $F_X(x)$ とする)に従う確率変数から成る母集団があるものとする.この母集団から n 個のサンプルを独立に抽出することを考えよう.抽出したサンプルを $X_1, X_2, \cdots, X_n$ とし,これらは

$$X_1 \leq X_2 \leq \cdots \leq X_n \tag{A.16}$$

と大きさの順に並べられて番号が付けられているものとする.このように,大小の順位を付けられたサンプルの集まりを順序統計量 (order statistics) といい,n を標本の大きさという.

k 番目の値については,

$$X_k \leq x \quad \rightleftharpoons \quad n \text{ 個中少なくとも } k \text{ 個は } x \text{ 以下となる}$$

であることから,その確率分布関数は次のようになることがわかる.

$$F_{X_k}(x) = P(X_k \leq x) = \sum_{j=k}^n {}_n C_j F_X(x)^j \{1-F_X(x)\}^{n-j} \tag{A.17}$$

ここで,2項係数 ${}_n C_j$ が係数にかかっているのは,x 以下の値を取る j 個を n 個中から選び出す組合せの個数が必要となるためである.式 (A.17) で $k=n$ とすると,最大値の分布である式 (2.30) が得られる.また,$k=1$ とすると,最小値の分布である式 (2.31) が得られる.

式 (A.17) を x で微分すると,$F_X'(x) = f_X(x)$ に注意すると,

$$\frac{d}{dx}F_{X_k}(x) = \sum_{j=k}^n {}_n C_j j F_X(x)^{j-1} f_X(x) \{1-F_X(x)\}^{n-j}$$
$$+ \sum_{j=k}^n {}_n C_j (n-j) F_X(x)^j \{1-F_X(x)\}^{n-j-1}\{-f_X(x)\}$$

となる.右辺第2項で $j+1 = \ell$ により和を取る変数を j から ℓ に置換,すなわち,

和を取る番号を 1 つずらすと,

$$\frac{d}{dx}F_{X_k}(x) = \sum_{j=k}^{n} {}_nC_j j F_X(x)^{j-1} f_X(x)\{1 - F_X(x)\}^{n-j}$$
$$- \sum_{\ell=k+1}^{n} {}_nC_{\ell-1}(n-\ell+1) F_X(x)^{\ell-1}\{1 - F_X(x)\}^{n-\ell} f_X(x)$$

となるが,

$${}_nC_{\ell-1}(n-\ell+1) = \frac{n!}{(\ell-1)!(n-\ell+1)!}(n-\ell+1) = \frac{n!}{\ell!(n-\ell)!}\ell = {}_nC_\ell \ell$$

となるので, 右辺の第 1 項と第 2 項は $j = k$ を除いて相殺されて, 結局

$$\frac{d}{dx}F_{X_k}(x) = {}_nC_k k F_X(x)^{j-k} f_X(x)\{1 - F_X(x)\}^{n-k}$$
$$= \frac{n!}{(k-1)!(n-k)!} F_X(x)^{k-1}\{1 - F_X(x)\}^{n-k} f_X(x)$$

が得られる. したがって, X_k の確率密度関数は次式となることがわかる.

$$f_{X_k}(x) = \frac{n!}{(k-1)!(n-k)!} F_X(x)^{k-1}\{1 - F_X(x)\}^{n-k} f_X(x) \tag{A.18}$$

A.3 回 帰 分 析

2 つの量 x と y の間に, $y = f(x)$ という関係が成立することが期待できるものとする. ただし, 関数 $f(x)$ は, その関数形がわかっているが, その関数中に含まれるパラメーター値が未知であるものとし, この未知のパラメーターを, x と y に対して得られているデータから定めることを考える. このような関係を求めることを回帰分析 (regression analysis) といい, x を説明変数, y を目的変数とよぶ.

未知パラメーターは m 個あるものとし, それらを $a = (a_1, \cdots, a_m)$ と表記しておく. 関数 $f(x)$ はこの未知パラメーターを含んでいるので, それを $f(x;a)$ と表しておく. x と y について, n 個の観測データ $(x_1, y_1), \cdots, (x_n, y_n)$ が得られているものとする. このデータから, 観測における誤差 $\mathcal{E}$ を

$$\mathcal{E} = \sum_{i=1}^{n} |y_i - f(x_i; a)|^2 \tag{A.19}$$

と定める. この誤差が, 最も小さくなるようにパラメーター a を決定したい. そのための必要条件は,

$$\frac{\partial}{\partial a_j}\mathcal{E} = 0 \quad (j = 1, 2, \cdots, m) \tag{A.20}$$

である．この m 個の連立方程式を解くことにより，未知パラメーター $a = (a_1, \cdots, a_m)$ を決定する方法を最小 **2 乗回帰** (least square regression) という．

最小 2 乗回帰の中で最も広く用いられているのが，$f(x;a)$ が 1 次式となる場合である．これを**線形回帰** (linear regression) という．$f(x;a) = a_1 x + a_2$ と置いて式 (A.20) に代入して計算すると，2 つの未知パラメーターに対する推定値 $\hat{a}_1, \hat{a}_2$ は次式で与えられることがわかる．

$$\hat{a}_1 = \frac{nS_{xy} - S_x S_y}{nS_{xx} - S_x^2}, \quad \hat{a}_2 = \frac{S_{xx} S_y - S_{xy} S_x}{nS_{xx} - S_x^2} \tag{A.21}$$

ただし，

$$S_x = \sum_{i=1}^{n} x_i, \ S_y = \sum_{i=1}^{n} y_i, \ S_{xx} = \sum_{i=1}^{n} (x_i)^2, \ S_{xy} = \sum_{i=1}^{n} x_i y_i$$

である．

一般の $f(x;a)$ については，式 (A.20) の連立方程式を解くには，数値的解法を適用せざるを得ない．

A.4　確率微分方程式の概要

$X(t)$ を時刻 t におけるシステムの状態とし，これが外部入力 $Z(t)$ を伴う微分方程式

$$\frac{dX(t)}{dt} = H(X(t), Z(t)) \tag{A.22}$$

によりその時間変動が記述されるものとする．$Z(t)$ が確定関数であれば式 (A.22) は通常の常微分方程式であるが，$Z(t)$ が確率過程となる場合，式 (A.22) は広い意味で**確率微分方程式** (stochastic differential equation) とよばれる．このとき，$Z(t)$ は**雑音** (noise) ともよばれ，解 $X(t)$ と共に**確率過程** (stochastic process) となる．

雑音がない場合のシステムの平均的な挙動を表す微分方程式を

$$\frac{dX(t)}{dt} = a(t, X(t))$$

とし，これに雑音が加わることにより，上式のまわりで挙動が乱されるものとすると，

$$\frac{dX(t)}{dt} = a(t, X(t)) + b(t, X(t)) Z(t) \tag{A.23}$$

という形で平均がゼロの雑音 $Z(t)$ が入力される形となる．$Z(t)$ については，物理学におけるブラウン運動に関する研究，および，経済学における株価などの証券価格の不規則な振舞いの研究などを通じて，**ガウス型白色雑音** (Gaussian white noise) とよばれる特殊な雑音 $W(t)$ が広く用いられるようになっている．これは，平均がゼロ

で，その自己共分散が

$$\mathrm{E}\{W(t)W(s)\} = \delta(t-s)$$

というデルタ関数により表現される性質を持ち，さらに，その時間積分

$$B(t) = \int_0^t W(s)ds$$

がガウス過程となるような過程である．$B(t)$ は平均がゼロのガウス過程で，独立増分を持つ確率過程であり，ウィーナー過程 (Wiener process) あるいはブラウン運動過程 (Brownian motion process) とよばれる．

式 (A.23) で雑音 $Z(t)$ をガウス型白色雑音 $W(t)$ とした方程式は，通常の常微分方程式と同じ手順では解を構成することができないことが知られている．このため，$B(t)$ が $W(t)$ の時間積分であることを用いて，次のような積分方程式

$$X(t) = X(0) + \int_0^t a(s,X(s))ds + \int_0^t b(s,X(s))dB(s) \qquad (A.24)$$

に変形した上で解を構成する．式 (A.24) の右辺第 3 項は，いわゆるスティルチェス積分のように見えるが，ウィーナー過程が有する特殊な性質のため，通常のスティルチェス積分のやり方では積分を一意に定義することができない．すなわち，区間 $[0,t]$ の分割

$$\Delta:\ 0 = t_0 < t_1 < t_2 < \cdots < t_n = t$$

に対して，被積分関数の値を常に分割区間の左端点で評価する

$$\int_0^t b(s,X(s))dB(s) = \lim_{n\to\infty}\sum_{k=1}^n b(t_{k-1},X(t_{k-1}))\{B(t_k)-B(t_{k-1})\} \qquad (A.25)$$

という形で右辺第 3 項の積分を定義しなければならない．式 (A.25) で定義される積分を伊藤型確率積分 (stochastic integral of Itô type) とよぶ．さらに，右辺第 3 項の積分を伊藤型確率積分で定義した式 (A.24) を微分形で表示した

$$dX(t) = a(t,X(t))dt + b(t,X(t))dB(t) \qquad (A.26)$$

を伊藤型確率微分方程式 (stochastic differential equation of Itô type) とよぶ．

伊藤型確率微分方程式の解については，ウィーナー過程が非常に特殊な性質を有することと，それに伴って積分形式での定義に伊藤型確率積分という特殊な定義を用いたことにより，通常の微積分における基本的な公式の多くが成立しない．例えば，なめらかな関数 $\varphi(t,x)$ により，式 (A.23) の解を

$$Y(t) = \varphi(t,X(t))$$

と変換すると，その微分はいわゆる微分の連鎖則により，

$$\frac{dY(t)}{dt} = \frac{\partial \varphi}{\partial t}(t, X(t)) + \frac{\partial \varphi}{\partial t}(t, X(t))a(t, X(t)) + \frac{\partial \varphi}{\partial x}(t, X(t))Z(t)$$

で与えられるが，伊藤型確率微分方程式の解の変換に関しては，この連鎖則に修正が加わる．すなわち，式 (A.26) の解を上記のように φ を用いて $Y(t)$ に変換すると，その微分については次の公式が成立することが知られている．

$$dY(t) = \frac{\partial \varphi}{\partial t}(t, X(t))dt + \frac{\partial \varphi}{\partial t}(t, X(t))a(t, X(t))$$
$$+ \frac{\partial \varphi}{\partial x}(t, X(t))Z(t) + \frac{1}{2}\frac{\partial^2 \varphi}{\partial x^2}(t, X(t))b(t, X(t))^2 dt \quad (A.27)$$

これは，伊藤の公式 (Itô formula) とよばれるものの 1 つである．

確率微分方程式を用いて時間的に不規則な現象を数学的にモデル化することは，信頼性工学において重要な技法の 1 つである．しかし，実際に対象となる現象では，白色雑音で正確に記述できる雑音はあり得ず，白色雑音に近い性質を有する雑音がシステム内に存在すると考えなければならない．例えば，$\{W_n(t)\}_{n=1,2,\cdots}$ という確率過程の列で，ガウス型白色雑音に $n \to \infty$ で近づいていくようなものを考え，

$$\frac{dX_n(t)}{dt} = a(t, X_n(t)) + b(t, X_n(t))W_n(t) \quad (A.28)$$

という方程式で不規則な時間変動が記述され得るものとしよう．このとき，$n \to \infty$ で $W_n(t)$ がガウス型白色雑音に近づいていく極限状況で，解 $X_n(t)$ の極限過程が満たす伊藤型確率微分方程式がどのような形になるかを考えなければならない．この問題についてはワン・ザカイによる研究が報告されており，$n \to \infty$ での極限過程が従う伊藤型確率微分方程式は次式となる．

$$dX(t) = \left\{a(t, X(t)) + \frac{1}{2}b(t, X(t))b_x(t, X(t))\right\}dt + b(t, X(t))dB(t) \quad (A.29)$$

ここで，$b_x(t, x) = \partial b(t, x)/\partial x$ である．式 (A.23) において雑音 $Z(t)$ をガウス型白色雑音 $W(t)$ に設定した方程式は，式 (A.29) の形の伊藤型確率微分方程式に変換してから解析を進める必要がある．これをワン・ザカイ変換 (Wong–Zakai transformation) とよぶ．

A.5　主な確率分布の数表

(i) 標準正規分布 N(0, 1) の上側確率

標準正規分布 N(0, 1) の上側確率を与える，標準正規分布の余関数

$$\bar{\Phi}(x) = \frac{1}{\sqrt{2\pi}} \int_x^\infty \exp\left(-\frac{1}{2}t^2\right) dt$$
$$= 1 - \Phi(x)$$

の数表を以下に示す（図 (i) 参照）．

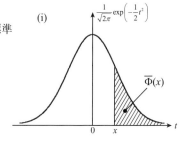

(i)

x	.00	.01	.02	.03	.04	.05	.06	.07	.08	.09
0.0	0.50000	0.49601	0.49202	0.48803	0.48405	0.48006	0.47608	0.47210	0.46812	0.46414
0.1	0.46017	0.45620	0.45224	0.44828	0.44433	0.44038	0.43644	0.43251	0.42858	0.42465
0.2	0.42074	0.41683	0.41294	0.40905	0.40517	0.40129	0.39743	0.39358	0.38974	0.38591
0.3	0.38209	0.37828	0.37448	0.37070	0.36693	0.36317	0.35942	0.35569	0.35197	0.34827
0.4	0.34458	0.34090	0.33724	0.33360	0.32997	0.32636	0.32276	0.31918	0.31561	0.31207
0.5	0.30854	0.30503	0.30153	0.29806	0.29460	0.29116	0.28774	0.28434	0.28096	0.27760
0.6	0.27425	0.27093	0.26763	0.26435	0.26109	0.25785	0.25463	0.25143	0.24825	0.24510
0.7	0.24196	0.23885	0.23576	0.23270	0.22965	0.22663	0.22363	0.22065	0.21770	0.21476
0.8	0.21186	0.20897	0.20611	0.20327	0.20045	0.19766	0.19489	0.19215	0.18943	0.18673
0.9	0.18406	0.18141	0.17879	0.17619	0.17361	0.17106	0.16853	0.16602	0.16354	0.16109
1.0	0.15866	0.15625	0.15386	0.15151	0.14917	0.14686	0.14457	0.14231	0.14007	0.13786
1.1	0.13567	0.13350	0.13136	0.12924	0.12714	0.12507	0.12302	0.12100	0.11900	0.11702
1.2	0.11507	0.11314	0.11123	0.10935	0.10749	0.10565	0.10383	0.10204	0.10027	0.09853
1.3	0.09680	0.09510	0.09342	0.09176	0.09012	0.08851	0.08691	0.08534	0.08379	0.08226
1.4	0.08076	0.07927	0.07780	0.07636	0.07493	0.07353	0.07215	0.07078	0.06944	0.06811
1.5	0.06681	0.06552	0.06426	0.06301	0.06178	0.06057	0.05938	0.05821	0.05705	0.05592
1.6	0.05480	0.05370	0.05262	0.05155	0.05050	0.04947	0.04846	0.04746	0.04648	0.04551
1.7	0.04457	0.04363	0.04272	0.04182	0.04093	0.04006	0.03920	0.03836	0.03754	0.03673
1.8	0.03593	0.03515	0.03438	0.03362	0.03288	0.03216	0.03144	0.03074	0.03005	0.02938
1.9	0.02872	0.02807	0.02743	0.02680	0.02619	0.02559	0.02500	0.02442	0.02385	0.02330
2.0	0.02275	0.02222	0.02169	0.02118	0.02068	0.02018	0.01970	0.01923	0.01876	0.01831
2.1	0.01786	0.01743	0.01700	0.01659	0.01618	0.01578	0.01539	0.01500	0.01463	0.01426
2.2	0.01390	0.01355	0.01321	0.01287	0.01255	0.01222	0.01191	0.01160	0.01130	0.01101
2.3	0.01072	0.01044	0.01017	0.00990	0.00964	0.00939	0.00914	0.00889	0.00866	0.00842
2.4	0.00820	0.00798	0.00776	0.00755	0.00734	0.00714	0.00695	0.00676	0.00657	0.00639
2.5	0.00621	0.00604	0.00587	0.00570	0.00554	0.00539	0.00523	0.00508	0.00494	0.00480
2.6	0.00466	0.00453	0.00440	0.00427	0.00415	0.00402	0.00391	0.00379	0.00368	0.00357
2.7	0.00347	0.00336	0.00326	0.00317	0.00307	0.00298	0.00289	0.00280	0.00272	0.00264
2.8	0.00256	0.00248	0.00240	0.00233	0.00226	0.00219	0.00212	0.00205	0.00199	0.00193
2.9	0.00187	0.00181	0.00175	0.00169	0.00164	0.00159	0.00154	0.00149	0.00144	0.00139
3.0	0.00135	0.00131	0.00126	0.00122	0.00118	0.00114	0.00111	0.00107	0.00104	0.00100

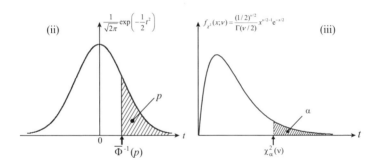

(ii) 標準正規分布 N(0,1) の上側パーセント点

標準正規分布 N(0,1) の上側パーセント点を与える．標準正規分布の余関数の逆関数 $\Phi^{-1}(p)$ の数表を以下に示す（図 (ii) 参照）．

p	.000	.001	.002	.003	.004	.005	.006	.007	.008	.009
0.00	∞	3.09023	2.87816	2.74778	2.65207	2.57583	2.51214	2.45726	2.40892	2.36562
0.01	2.32635	2.29037	2.25713	2.22621	2.19729	2.17009	2.14441	2.12007	2.09693	2.07485
0.02	2.05375	2.03352	2.01409	1.99539	1.97737	1.95996	1.94313	1.92684	1.91104	1.89570
0.03	1.88079	1.86630	1.85218	1.83842	1.82501	1.81191	1.79912	1.78661	1.77438	1.76241
0.04	1.75069	1.73920	1.72793	1.71689	1.70604	1.69540	1.68494	1.67466	1.66456	1.65463
0.05	1.64485	1.63523	1.62576	1.61644	1.60725	1.59819	1.58927	1.58047	1.57179	1.56322
0.06	1.55477	1.54643	1.53820	1.53007	1.52204	1.51410	1.50626	1.49851	1.49085	1.48328
0.07	1.47579	1.46838	1.46106	1.45381	1.44663	1.43953	1.43250	1.42554	1.41865	1.41183
0.08	1.40507	1.39838	1.39174	1.38517	1.37866	1.37220	1.36581	1.35946	1.35317	1.34694
0.09	1.34076	1.33462	1.32854	1.32251	1.31652	1.31058	1.30469	1.29884	1.29303	1.28727
0.10	1.28155	1.27587	1.27024	1.26464	1.25908	1.25357	1.24808	1.24264	1.23723	1.23186
0.11	1.22653	1.22123	1.21596	1.21073	1.20553	1.20036	1.19522	1.19012	1.18504	1.18000
0.12	1.17499	1.17000	1.16505	1.16012	1.15522	1.15035	1.14551	1.14069	1.13590	1.13113
0.13	1.12639	1.12168	1.11699	1.11232	1.10768	1.10306	1.09847	1.09390	1.08935	1.08482
0.14	1.08032	1.07584	1.07138	1.06694	1.06252	1.05812	1.05374	1.04939	1.04505	1.04073
0.15	1.03643	1.03215	1.02789	1.02365	1.01943	1.01522	1.01103	1.00686	1.00271	0.99858
0.16	0.99446	0.99036	0.98627	0.98220	0.97815	0.97411	0.97009	0.96609	0.96210	0.95812
0.17	0.95417	0.95022	0.94629	0.94238	0.93848	0.93459	0.93072	0.92686	0.92301	0.91918
0.18	0.91537	0.91156	0.90777	0.90399	0.90023	0.89647	0.89273	0.88901	0.88529	0.88159
0.19	0.87790	0.87422	0.87055	0.86689	0.86325	0.85962	0.85600	0.85239	0.84879	0.84520
0.20	0.84162	0.83805	0.83450	0.83095	0.82742	0.82389	0.82038	0.81687	0.81338	0.80990
0.21	0.80642	0.80296	0.79950	0.79606	0.79262	0.78919	0.78577	0.78237	0.77897	0.77557
0.22	0.77219	0.76882	0.76546	0.76210	0.75875	0.75542	0.75208	0.74876	0.74545	0.74214
0.23	0.73885	0.73556	0.73228	0.72900	0.72574	0.72248	0.71923	0.71599	0.71275	0.70952
0.24	0.70630	0.70309	0.69988	0.69668	0.69349	0.69031	0.68713	0.68396	0.68080	0.67764
0.25	0.67449	0.67135	0.66821	0.66508	0.66196	0.65884	0.65573	0.65262	0.64952	0.64643
0.26	0.64335	0.64027	0.63719	0.63412	0.63106	0.62801	0.62496	0.62191	0.61887	0.61584
0.27	0.61281	0.60979	0.60678	0.60376	0.60076	0.59776	0.59477	0.59178	0.58879	0.58581
0.28	0.58284	0.57987	0.57691	0.57395	0.57100	0.56805	0.56511	0.56217	0.55924	0.55631
0.29	0.55338	0.55047	0.54755	0.54464	0.54174	0.53884	0.53594	0.53305	0.53016	0.52728
0.30	0.52440	0.52153	0.51866	0.51579	0.51293	0.51007	0.50722	0.50437	0.50153	0.49869

A.5 主な確率分布の数表

(iii) カイ 2 乗分布の上側パーセント点

自由度 ν のカイ 2 乗分布の上側パーセント点を与える $\chi^2_\alpha(\nu)$ の数表を以下に示す (前ページ図 (iii) 参照).

ν \ α	0.995	0.99	0.95	0.9	0.1	0.05	0.01	0.005
1	0.00004	0.00016	0.00393	0.01579	2.70554	3.84146	6.63490	7.87944
2	0.01003	0.02010	0.10259	0.21072	4.60517	5.99146	9.21034	10.59663
3	0.07172	0.11483	0.35185	0.58437	6.25139	7.81473	11.34487	12.83816
4	0.20699	0.29711	0.71072	1.06362	7.77944	9.48773	13.27670	14.86026
5	0.41174	0.55430	1.14548	1.61031	9.23636	11.07050	15.08627	16.74960
6	0.67573	0.87209	1.63538	2.20413	10.64464	12.59159	16.81189	18.54758
7	0.98926	1.23904	2.16735	2.83311	12.01704	14.06714	18.47531	20.27774
8	1.34441	1.64650	2.73264	3.48954	13.36157	15.50731	20.09024	21.95495
9	1.73493	2.08790	3.32511	4.16816	14.68366	16.91898	21.66599	23.58935
10	2.15586	2.55821	3.94030	4.86518	15.98718	18.30704	23.20925	25.18818
11	2.60322	3.05348	4.57481	5.57778	17.27501	19.67514	24.72497	26.75685
12	3.07382	3.57057	5.22603	6.30380	18.54935	21.02607	26.21697	28.29952
13	3.56503	4.10692	5.89186	7.04150	19.81193	22.36203	27.68825	29.81947
14	4.07467	4.66043	6.57063	7.78953	21.06414	23.68479	29.14124	31.31935
15	4.60092	5.22935	7.26094	8.54676	22.30713	24.99579	30.57791	32.80132
16	5.14221	5.81221	7.96165	9.31224	23.54183	26.29623	31.99993	34.26719
17	5.69722	6.40776	8.67176	10.08519	24.76904	27.58711	33.40866	35.71847
18	6.26480	7.01491	9.39046	10.86494	25.98942	28.86930	34.80531	37.15645
19	6.84397	7.63273	10.11701	11.65091	27.20357	30.14353	36.19087	38.58226
20	7.43384	8.26040	10.85081	12.44261	28.41198	31.41043	37.56623	39.99685
21	8.03365	8.89720	11.59131	13.23960	29.61509	32.67057	38.93217	41.40106
22	8.64272	9.54249	12.33801	14.04149	30.81328	33.92444	40.28936	42.79565
23	9.26042	10.19572	13.09051	14.84796	32.00690	35.17246	41.63840	44.18128
24	9.88623	10.85636	13.84843	15.65868	33.19624	36.41503	42.97982	45.55851
25	10.51965	11.52398	14.61141	16.47341	34.38159	37.65248	44.31410	46.92789
26	11.16024	12.19815	15.37916	17.29188	35.56317	38.88514	45.64168	48.28988
27	11.80759	12.87850	16.15140	18.11390	36.74122	40.11327	46.96294	49.64492
28	12.46134	13.56471	16.92788	18.93924	37.91592	41.33714	48.27824	50.99338
29	13.12115	14.25645	17.70837	19.76774	39.08747	42.55697	49.58788	52.33562
30	13.78672	14.95346	18.49266	20.59923	40.25602	43.77297	50.89218	53.67196
40	20.70654	22.16426	26.50930	29.05052	51.80506	55.75848	63.69074	66.76596
50	27.99075	29.70668	34.76425	37.68865	63.16712	67.50481	76.15389	79.48998
60	35.53449	37.48485	43.18796	46.45889	74.39701	79.08194	88.37942	91.95170
70	43.27518	45.44172	51.73928	55.32894	85.52704	90.53123	100.42518	104.21490
80	51.17193	53.54008	60.39148	64.27784	96.57820	101.87947	112.32879	116.32106
90	59.19630	61.75408	69.12603	73.29109	107.56501	113.14527	124.11632	128.29894
100	67.32756	70.06489	77.92947	82.35814	118.49800	124.34211	135.80672	140.16949
110	75.55004	78.45831	86.79163	91.47104	129.38514	135.48018	147.41431	151.94848
120	83.85157	86.92328	95.70464	100.62363	140.23257	146.56736	158.95017	163.64818
130	92.22210	95.45102	104.66223	109.81102	151.04520	157.60992	170.42313	175.27834
140	100.65484	104.03441	113.65934	119.02925	161.82699	168.61295	181.84034	186.84684
150	109.14225	112.66758	122.69178	128.27505	172.58121	179.58063	193.20769	198.36021
160	117.67926	121.34563	131.75606	137.54569	183.31058	190.51646	204.53009	209.82387
170	126.26130	130.06440	140.84923	146.83887	194.01742	201.42337	215.81172	221.24242
180	134.88445	138.82036	149.96877	156.15263	204.70367	212.30391	227.05612	232.61980
190	143.54533	147.61043	159.11251	165.48525	215.37106	223.16025	238.26637	243.95940
200	152.24099	156.43197	168.27855	174.83527	226.02105	233.99427	249.44512	255.26416

参考文献

1) 安藤貞一，松村嘉高，二見良治，「技術者のための 統計的品質管理入門」，共立出版，1981．
2) 市川昌弘，「信頼性工学」，裳華房，2010．
3) 伊藤 清，「確率論 岩波基礎数学選書」，岩波書店，1991．
4) 岡村弘之，板垣 浩，「強度の統計的取扱い 構造強度信頼性工学」，培風館，1979．
5) 兼清泰明，「確率微分方程式とその応用」，森北出版，2017．
6) 材料強度確率モデル研究会 編，「材料強度の統計的性質」，養賢堂，1992．
7) 日本材料学会 編，「機械・構造系技術者のための実用信頼性工学」，養賢堂，1987．
8) 福井泰好，「入門 信頼性工学」，森北出版，2006．
9) 星出俊彦，「基礎強度学 破壊力学と信頼性解析への入門」，内田老鶴圃，1998．
10) 星谷 勝，石井 清，「構造物の信頼性設計法」，鹿島出版会，2003．
11) 真壁 肇 編，「新版 信頼性工学入門」，日本規格協会，1985．
12) 室津義定，米澤政昭，邵 暁文，「システム信頼性工学」，共立出版，2011．
13) 矢川元基 編，「破壊力学 理論・解析から工学の応用まで」，培風館，1988．
14) 山田 茂，「ソフトウェア信頼性評価技術 ソフトウェア信頼度成長モデル入門」，HBJ 出版局，1989．
15) 山田 茂，「ソフトウェア信頼性の基礎 ―モデリングアプローチ」，共立出版，2011．
16) Gumbel, E.J., *Statistics of Extremes*, Columbia University Press, 1958. （邦訳：河田達夫，岩井重久，加瀬滋男 訳，「極値統計学 極値の理論とその工学的応用」，廣川書店，1963．）
17) Korn, R., E. Korn and G. Kroisandt, *Monte Carlo Methods and Models in Finance and Insurance*, CRC Press, 2010.
18) Leadbetter, M.R., G. Lindgren and H. Rootzén, *Extremes and Related Properties of Random Sequences and Processes*, Springer-Verlag, 1983.
19) Øksendal, B., *Stochastic Differential Equations – An Introduction with*

Applications, Springer-Verlag, 1985.（邦訳：谷口説男 訳，「確率微分方程式入門から応用まで」，シュプリンガー・フェアラーク東京，1999.）

20) Schuëller, G.I., *Einführung in die Sicherheit und Zuverlässigkeit von Tragwerken*, Verlag von Wilhelm Ernst & Sohn, 1981.（邦訳：小西一郎，高岡宣善，石川 浩 訳，「構造物の安全性と信頼性」，丸善，1984.）

21) Sobczyk, K. and B.F. Spencer, Jr., *Random Fatigue – From Data to Theory*, Academic Press, 1992.

22) 井上真二，山田 茂，"電子情報通信学会「知識ベース」第6章 ソフトウェアの信頼性"，電子情報通信学会，2010.

23) 兼清泰明，"疲労亀裂の不規則成長に対するPoisson型ノイズを用いた確率モデルの新たな提案"，材料，Vol. **63**, No. 2, pp. 92–97, 2014.

24) 田中（兼清）泰明，山田 茂，川上真一，尾崎俊治，"ソフトウェア信頼度成長モデルにおけるエラー数の状態空間の連続化に関する考察 — 線形確率微分方程式の適用 —"，電子情報通信学会論文誌，Vol. **J74-A**, No. 7, pp. 1059–1066, 1991.

25) 鶴井 明，石川 浩，"定常不規則荷重に対する疲労亀裂進展寿命分布の理論的考察"，日本機械学会論文集（A編），Vol. **51**, pp. 31–37, 1985.

26) 得能貢一，山田 茂，"不完全デバッグ環境を考慮した間欠的に使用されるソフトウェアシステムの可用性解析"，コンピュータソフトウェア，Vol. **20**, No. 4, pp. 1–10, 2003.

27) 山田 茂，大場 充，"エラー発見率に基づくS字型ソフトウェア信頼度成長モデルの考察"，情報処理学会論文誌，Vol. **27**, No. 8, pp. 821–828, 1986.

28) 山田 茂，尾崎俊治，"ソフトウェア信頼度成長モデルとその比較"，電子通信学会論文誌，Vol. **J65-D**, No. 7, pp. 906–912, 1982.

29) 山田 茂，田中（兼清）泰明，尾崎俊治，"初期内蔵ソフトウェアエラー数の事前情報を考慮した2項信頼性モデル"，電子情報通信学会論文誌，Vol. **J72-A**, No. 11, pp. 1916–1918, 1989.

30) Bogdanoff, J.L., "A new cumulative damage model, Part 1," *J. of Applied Mechanics*, Vol. **45**, pp. 246–250, 1978.

31) Bourgund, U. and C.G. Bucher, *Importance Sampling Procedure Using Design point – ISPUD – A User's Manual*, Institute of Engineering Mechanics, University of Innsbruck, 1986.

32) Doob, J.L., "The Brownian movement and stochastic equations," *Annals of Mathematics*, Vol. **43**, pp. 351–369, 1942.

33) Epstein, B., "Truncated life tests in the exponential case," *The Annals of Mathematical Statistics*, Vol. **25**, No. 3, pp. 555–564, 1954.
34) Ericson, C.A., "Fault tree analysis – A history," *Proc. of the 17th International Systems Safety Conference*, pp. 1–9, 1999.
35) Freudenthal, A.M., "The safety of structures," *Trans. of ASCE*, Vol. **112**, Issue 1, pp. 125–159, 1947.
36) Goel, A.L. and K. Okumoto, "Time-dependent error-detection rate model for software reliability and other performance measures," *IEEE Trans. Reliability*, Vol. **R-28**, No. 3, pp. 206–211, 1979.
37) Goel, A.L. and K. Okumoto, "A Markovian model for reliability and other performance measures of software systems," *Proc. National Computer Conf.*, pp. 769–774, 1979.
38) Hasofer, A.M. and N.C. Lind, "Exact and invariant second-moment code format," *Trans. of ASCE, J. of the Engineering Mechanics Division*, Vol. **100** (EM1), pp. 111–121, 1974.
39) Ihara, C. and T. Misawa, "A stochastic model for fatigue crack propagation with random propagation resistance," *Engineering Fracture Mechanics*, Vol. **31**, pp. 95–104, 1988.
40) Paris, P.C. and F. Erdogan, "A critical analysis of crack propagation laws," *Trans. ASME, Ser. D*, Vol. **85**, No. 4, pp. 528–534, 1963.
41) Rackwitz, R. and B. Fiessler, "Structural reliability under combined random load sequences," *Computers and Structures*, Vol. **9**, No. 5, pp. 489–494, 1978.
42) Rosenblatt, M., "Remarks on a multivariate transformation," *The Annals of Mathematical Statistics*, Vol. **23**, No. 3, pp. 470–472, 1954.
43) Schuëller, G.I. and R. Stix, "A critical appraisal of methods to determine failure probabilities," *Structural Safety*, Vol. **4**, pp. 293–309, 1987.
44) Shanthikumar, J.G., "A general software reliability model for performance prediction," *Microelectronics and Reliability*, Vol. **21**, No. 5, pp. 671–682, 1981.
45) Tanaka, H. (H. Kanekiyo), "Importance sampling simulation for a stochastic fatigue crack growth model," *Applications of Statistics and Probability (Proc. of ICASP 1999)*, pp. 907–914, Rotterdam, 2000.
46) Tsurui, A., H. Tanaka (H. Tanaka-Kanekiyo) and T. Tanaka, "Proba-

bilistic analysis of fatigue crack propagation in finite size specimens," *Probabilistic Engineering Mechanics*, Vol. **4**, No. 3, pp. 120–127, 1989.

47) Uhlenbeck, G.E. and L.S. Ornstein, "On the theory of Brownian motion," *Physical Review*, Vol. **36**, pp. 823–841, 1930.

48) Wong, E. and M. Zakai, "On the convergence of ordinary integrals to stochastic integrals," *The Annals of Mathematical Statistics*, Vol. **36**, pp. 1560–1564, 1965.

49) http://www.math.sci.hiroshima-u.ac.jp/~m-mat/MT/mt.html

50) 統計解析業務パッケージ JUSE-StatWorks/V5,日科技連.

演習問題略解

第 2 章

問題 2.1
1) $\text{MTTF} = \dfrac{1}{h_1} + \left(\dfrac{1}{h_2} - \dfrac{1}{h_1}\right) e^{-h_1 t_1}$
2) $t_1 \leq -\dfrac{1}{h_1} \log\left(\dfrac{h_2}{h_1 - h_2}\right)$

問題 2.2
1) $t_A = \beta(-\log r_c)^{1/\alpha}$
2) $\lambda = -\dfrac{\log r_c}{\beta(-\log r_c)^{1/\alpha}}$

問題 2.3 略

問題 2.4
1) $\mathrm{E}\{T\} = \dfrac{q}{1-q}$, $\mathrm{Var}\{T\} = \dfrac{q}{(1-q)^2}$
2) $P(T = n+n' | T \geq n) = \dfrac{P(T = n+n')}{P(T \geq n)} = \dfrac{(1-q)^{n+n'}}{q^n} = P(T = n')$

問題 2.5 略

問題 2.6
1) $F_0(t)$ が式 (2.15) であるとき，式 (2.31) で与えられる最小値の分布は，形状パラメーターが α，尺度パラメーターが $\beta n^{-1/\alpha}$ の 2 パラメーターのワイブル分布となる．
2) $F_0(t)$ が式 (2.38) であるとき，式 (2.30) で与えられる最大値の分布の分布関数は，$F_{Z^{(n)}}(t) = \exp\left\{-\exp\left(-\dfrac{t-\tilde{\gamma}}{\beta}\right)\right\}$ ($\tilde{\gamma} = \gamma + \beta \log n$) という 2 パラメーターのガンベル分布となる．

第 3 章

問題 3.1 正規確率紙でのパラメーター推定値は $\hat{m} = 3243.2$, $\hat{\sigma} = 1243.2$, 対数

演習問題略解

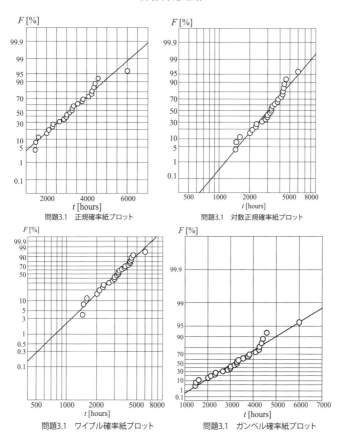

問題3.1 正規確率紙プロット
問題3.1 対数正規確率紙プロット
問題3.1 ワイブル確率紙プロット
問題3.1 ガンベル確率紙プロット

正規確率紙でのパラメーター推定値は $\hat{m}_L = 8.023$, $\hat{\sigma}_L = 0.418$,ワイブル確率紙でのパラメーターの推定値は $\hat{\alpha} = 2.97$, $\hat{\beta} = 3645.9$,ガンベル確率紙でのパラメーター推定値は $\hat{\beta} = 1017.2$, $\hat{\gamma} = 2703.2$.各確率紙のプロットの結果は上の図のようになる.この結果から,形状パラメーター $\alpha = 2.97$,尺度パラメーター $\beta = 3645.9$ の2パラメーターのワイブル分布の適合性が最もよいと考えられる.

問題 3.2 対数尤度関数 $L = n(\log \rho - \log \beta) - (\rho + 1) \sum_{i=1}^{n} \log\left(1 + \frac{t_i}{\beta}\right)$ から,$\partial L/\partial \beta = 0$, $\partial L/\partial \rho = 0$ を連立させると,$(\rho + 1)\sum_{i=1}^{n} \frac{t_i}{t_i + \beta} = n$, $\rho \sum_{i=1}^{n} \log\left(1 + \frac{t_i}{\beta}\right) = n$ という連立方程式を解くことにより,β, ρ の最尤推定量が得られる.

問題 3.3 $t_j = 100j$ $(j = 0, 1, \cdots, 9)$, $F(t) = 1 - \exp\left(-(t/\beta)^\alpha\right)$, $\alpha = 2$, $\beta = 340$ を式 (3.22) に代入して p_j $(j = 1, \cdots, 9)$ を算出し,式 (3.25),式 (3.26) に

代入して Z を計算すると，$Z = 3.04$ が得られる．自由度は $9 - 1 - 2 = 6$ となるので，数表より $\chi^2_{0.05}(6) = 12.5916$ となる．したがって，帰無仮説は棄却できず，得られたデータの分布は，形状パラメーター $\alpha = 2$，尺度パラメーター $\beta = 340$ [hours] の 2 パラメーターのワイブル分布と差があるとは言えないと判断される．

第 4 章

問題 4.1 合格基準 $c = 2$，抽出サンプル数 $n = 98$．

問題 4.2 式 (4.18) を満たす最小の n を見出せばよいので，抽出サンプル数 $n = 67$．

問題 4.3 打切り個数 $k = 5$，合格基準 $m_c = 951$ [hours]．

問題 4.4 $L(m) = \Phi\left(\frac{m - m_c}{\sigma/\sqrt{n}}\right)$ を式 (4.20) に代入することにより，$m_0 - m_c \geq \sigma \Phi^{-1}(1 - \alpha)/\sqrt{n}$，$m_1 - m_c \leq \sigma \Phi^{-1}(\beta)/\sqrt{n}$ を満たすように n，m_c を定めればよい．これら 2 つの不等式から，

$$\sqrt{n} \geq \frac{\sigma}{m_0 - m_1} \left\{\Phi^{-1}(1 - \alpha) - \Phi^{-1}(\beta)\right\}$$

が得られるので，これを満たす最小の n を求める．次に式 (4.20) の 2 つの不等式を満たすような m_c の区間を求め，その中点により m_c を定める．結果は，抽出サンプル数 $n = 8$，合格基準 $m_c = 2071$ [hours] となる．

第 5 章

問題 5.1 $R(t) = 1 - (1 - R_1(t))(1 - Q(t))(1 - R_5(t)R_6(t))$，$Q(t) = R_2(t)\{1 - (1 - R_3(t))(1 - R_4(t))\}$

問題 5.2 最小パスセット：$\{a_1, a_2\}$，$\{a_3, a_4\}$，$\{a_1, a_4, a_5\}$，$\{a_2, a_3, a_5\}$．最小カットセット：$\{a_1, a_3\}$，$\{a_2, a_4\}$，$\{a_1, a_4, a_5\}$，$\{a_2, a_3, a_5\}$

問題 5.3 $q_1\{1 - (1 - q_2 q_3)(1 - q_4)(1 - q_5)\}$

問題 5.4 ETA は次ページの図．×は頂上事象の生起を，○は生起しないことを表す．

第 6 章

問題 6.1

1) $\dfrac{d}{dt} p_0(t) = -(\lambda_1 + \lambda_2) p_0(t) + \mu p_1(t) + \mu p_2(t)$,

演習問題略解

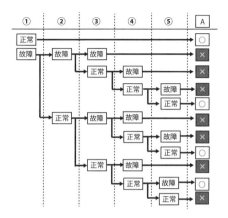

$\dfrac{d}{dt}p_1(t) = \lambda_1 p_0(t) - \mu p_1(t), \ \dfrac{d}{dt}p_2(t) = \lambda_2 p_0(t) - \mu p_2(t)$

2) $p_0^{\mathrm{ST}} = \dfrac{1}{1+\rho_1+\rho_2}, \ p_1^{\mathrm{ST}} = \dfrac{\rho_1}{1+\rho_1+\rho_2}, \ p_2^{\mathrm{ST}} = \dfrac{\rho_2}{1+\rho_1+\rho_2}$

ただし, $\rho_1 \equiv \dfrac{\lambda_1}{\mu}, \rho_2 \equiv \dfrac{\lambda_2}{\mu}$

3) $A_{\mathrm{ST}} = p_0^{\mathrm{ST}} = \dfrac{1}{1+\rho_1+\rho_2}$

問題 6.2

1) $\dfrac{d}{dt}p_0(t) = -2\lambda p_0(t) + \mu_2 p_2(t) + \mu_2 p_4(t),$
$\dfrac{d}{dt}p_1(t) = \lambda p_0(t) - \mu_1 p_1(t), \ \dfrac{d}{dt}p_2(t) = \mu_1 p_1(t) - \mu_2 p_2(t),$
$\dfrac{d}{dt}p_3(t) = \lambda p_0(t) - \mu_1 p_3(t), \ \dfrac{d}{dt}p_4(t) = \mu_1 p_3(t) - \mu_2 p_4(t)$

2) $A_{\mathrm{ST}} = p_0^{\mathrm{ST}} = \dfrac{1}{1+2\lambda/\mu_1+2\lambda/\mu_2}$

問題 6.3

1) $p_0^{\mathrm{ST}} = \dfrac{\mu_0^2}{2\lambda_0^2+2\lambda_0\mu_0+\mu_0^2}, \ p_1^{\mathrm{ST}} = p_2^{\mathrm{ST}} = \dfrac{\lambda_0\mu_0}{2\lambda_0^2+2\lambda_0\mu_0+\mu_0^2},$
$p_3^{\mathrm{ST}} = p_4^{\mathrm{ST}} = \dfrac{\lambda_0^2}{2\lambda_0^2+2\lambda_0\mu_0+\mu_0^2}$

2) $A_{\mathrm{ST}} = p_0^{\mathrm{ST}} + p_1^{\mathrm{ST}} + p_2^{\mathrm{ST}} = \dfrac{2\lambda_0\mu_0+\mu_0^2}{2\lambda_0^2+2\lambda_0\mu_0+\mu_0^2}$

問題 6.4

1) $\dfrac{d}{dt}p_0(t) = -\lambda p_0(t) + \mu p_1(t) + \mu p_2(t),$
$\dfrac{d}{dt}p_1(t) = \lambda p_0(t) - (\lambda+\mu)p_1(t) + \mu p_4(t), \ \dfrac{d}{dt}p_2(t) = -(\lambda+\mu)p_2(t) + \mu p_3(t),$

$$\frac{d}{dt}p_3(t) = \lambda p_1(t) - \mu p_3(t), \ \frac{d}{dt}p_4(t) = \lambda p_2(t) - \mu p_4(t)$$

2) $A_{\mathrm{ST}} = p_0^{\mathrm{ST}} + p_1^{\mathrm{ST}} + p_2^{\mathrm{ST}} = \dfrac{1+\rho}{1+\rho+\rho^2}$, ただし, $\rho \equiv \dfrac{\lambda}{\mu}$

第 7 章

問題 **7.1**

1) $p_f = P(Y_1 > \beta) = 1 - P(Y_1 \leq \beta) = 1 - \Phi(\beta) = \Phi(-\beta)$

2) 式 (7.4) の積分において,y_1 軸が法線ベクトルの方向になるように座標系を回転させる変数変換を行うと,被積分関数は標準空間においては等方的であることから,$p_f = \int_{-\infty}^{\beta}\phi(y_1)dy_1 \int_{-\infty}^{\infty} \cdots \int_{-\infty}^{\infty}\phi(y_2)\cdots\phi(y_n)dy_2\cdots dy_n = \int_{-\infty}^{\beta}\phi(y_1)dy_1$ となり,1) の結果に帰着される.ただし,$\phi(y) = \exp\left(-\frac{1}{2}y^2\right)/\sqrt{2\pi}$ である.

問題 **7.2**

1) ローゼンブラット変換: $Y_i = \dfrac{X_i - m}{\sigma}$ $(i=1,2)$,標準空間での限界状態関数:
$\widetilde{L}(Y) = \min\{\sigma Y_1 + m - x_c, \sigma Y_2 + m - x_c\}$

2) 信頼性指標: $\beta = \dfrac{m - x_c}{\sigma}$,設計点は 2 つ存在し,その座標は $(-\beta, 0)$ と $(0, -\beta)$

3) FOSM 法を適用した場合の破壊確率値は $\Phi(-\beta)$ であるのに対して,破壊確率の厳密値は $1 - \{1 - \Phi(-\beta)\}^2 = 2\Phi(-\beta) - \Phi(-\beta)^2$ となる.$\Phi(-\beta) - \{2\Phi(-\beta) - \Phi(-\beta)^2\} = -\Phi(-\beta)\{1 - \Phi(-\beta)\} < 0$ により,FOSM 法による推定値は危険側の推定値を与える.

問題 **7.3**

1) ローゼンブラット変換: $Y_i = \dfrac{X_i - m_i}{\sigma_i}$ $(i=1,2,3)$,標準空間での限界状態関数:
$\widetilde{L}(Y) = \sigma_2 Y_2 + m_2 + \sigma_3 Y_3 + m_3 - \sigma_1 Y_1 - m_1$

2) 信頼性指標: $\beta = \dfrac{m_2 + m_3 - m_1}{\sqrt{\sigma_1^2 + \sigma_2^2 + \sigma_3^2}}$,設計点: $(k\sigma_1, -k\sigma_2, -k\sigma_3)$,ただし,
$k = \dfrac{m_2 + m_3 - m_1}{\sqrt{\sigma_1^2 + \sigma_2^2 + \sigma_3^2}}$

問題 **7.4**

[ケース 1] ローゼンブラット変換: $Y_1 = \dfrac{\log X_1 - m_{LS}}{\sigma_{LS}}$, $Y_2 = \dfrac{Y_2 - m_R}{\sigma_R}$,標準空間での限界状態関数: $\sigma_R Y_2 + m_R - \mathrm{e}^{\sigma_{LS}Y_1 + m_{LS}}$,FOSM 法による推定はグラフを描けば明らかなように,危険側の推定を与える.

[ケース 2] ローゼンブラット変換: $Y_1 = \dfrac{X_1 - m_S}{\sigma_S}$, $Y_2 = \dfrac{\log Y_2 - m_{LR}}{\sigma_{LR}}$,標準空間での限界状態関数: $\mathrm{e}^{\sigma_{LR}Y_2 + m_{LR}} - \sigma_S Y_1 - m_S$,FOSM 法による推定はグラフを描けば明らかなように,安全側の推定を与える.

問題 **7.5**

1) $\exp\left\{-\left(\dfrac{b_0}{\beta t}\right)^\alpha\right\}$

2) $N_1 = \dfrac{b_0}{\beta}\left(-\log q_0\right)^{-1/\alpha}$

第 8 章

問題 **8.1** N-バージョンの信頼度を R とする.$N = 4$ のときは,$R - q = q^4 + 4q^3(1-q) - q = q(1-q)(3q-2-q-1)$ となるので,$\dfrac{1+\sqrt{13}}{6} < q < 1$ で $R > q$ となる.$N = 5$ のときは,$R - q = q^5 + 5q^4(1-q) + 10q^3(1-q)^2 - q = 4q(1-q)(2q-1)(-3q^2+3q+1)$ となるので,$\dfrac{1}{2} < q < 1$ で $R > q$ となる.

問題 **8.2** $q_c = \dfrac{\sqrt{(1-r)(5-r)} - (1+r)}{2(1-2r)}$

問題 **8.3** $\Lambda(t) = \dfrac{a\left(1 - e^{-\beta_0 t}\right)}{1 + ce^{-\beta_0 t}}$, ただし, $c = \dfrac{1-r}{r}$

問題 **8.4**

1) $P(M(t) = m)$
$= \begin{cases} {}_K C_m \left(1 - \eta e^{-A(t)}\right)^{K-m} \left(\eta e^{-A(t)}\right)^m & (m = 0, 1, \cdots, K) \\ 0 & (m = K+1, K+2, \cdots) \end{cases}$

2) $P(M(t) = m) = (1 - \xi(t))\,\xi(t)^m\ (m = 0, 1, 2, \cdots)$

ただし,$\xi(t) = \dfrac{\eta e^{-A(t)}}{1 - \eta + \eta e^{-A(t)}}$

問題 **8.5**

1) $R(\tau|t) = \exp\left\{\mu\left(e^{-A(t+\tau)} - e^{-A(t)}\right)\right\}$

2) $R(\tau|t) = \left\{1 + \eta\left(e^{-A(t+\tau)} - e^{-A(t)}\right)\right\}^K$

問題 **8.6**

1) $dM(t) = \left\{-\beta_0 + \dfrac{1}{2}\sigma_0^2 g'(M(t))\right\} g(M(t))dt - \sigma_0 g(M(t))dB(t)$

2) $M(t) = H^{-1}(-\beta_0 t - \sigma_0 B(t))$ ただし, $H(x) = \displaystyle\int_{m_0}^{x} \dfrac{dy}{g(y)}$

索　引

欧数字

1回抜取方式　52
2項モデル　164
2パラメーターのワイブル分布　15
3パラメーターのワイブル分布　15

ANDゲート　83

CFR　8, 14

DFR　8, 14

ET　85
ETA　85

FMEA　86
FMEAワークシート　86
FMECA　86
FOSM法　116, 120
FT　82
FTA　81

IFR　8, 14, 17
ISPUD　130

MTBF　10
MTBM　90
MTTF　9
MTTFF　10

MTTR　90, 95

N-バージョン・プログラミング　152
NHPP　160

ORゲート　83

RPN　87

あ　行

アイテム　4
アベイラビリティ　5, 7, 89
安全側　120
安全係数　108
安全寿命設計　5
安全率　107

位置パラメーター（ワイブル分布の）　15
一致推定量　125
伊藤型確率積分　185
伊藤型確率微分方程式　185
伊藤の公式　186
イベント・ツリー　85
イベント・ツリー解析　85

ウィーナー過程　185
ウォーター・フォール型　157
受入テスト　154
運用アベイラビリティ　91

応力拡大係数　136

か　行

カイ2乗適合度検定　47
カイ2乗分布　46
ガウス型白色雑音　184
ガウス分布　15
拡散型モデル（ソフトウェア信頼度成長モデル）　173
拡散型モデル（亀裂の不規則成長モデル）　144
拡散過程　144
確率過程　91, 184
確率紙　36
確率微分方程式　145, 184
確率分布関数　9
確率論的破壊力学　138
カットセット　79
ガンベル分布　24
ガンマ関数　13, 46, 179

幾何分布　29
棄却　43
危険側　120
危険率　43
希少性　160
基本事象　82
帰無仮説　43
強度関数　160
極値の漸近分布　24
亀裂進展抵抗　138
金属疲労　135

偶発故障　8

形状パラメーター（ワイブル分布の）　13
計数過程　160
計数抜取方式　53
計量抜取方式　53
限界状態関数　114
原分布　22

故障　4
故障木　82
故障分布関数　6
故障モード　81
故障モード影響度解析　86
故障モードと影響および致命度解析　86
故障率　7
固有アベイラビリティ　90
コルモゴロフの前進方程式　93

さ　行

最弱リンクモデル　113
最小安定　31
最小カットセット　80
最小値の漸近分布　24
最小値の分布　22
最小パスセット　79
再生性　19
最大安定　30
最大値の漸近分布　23
最大値の分布　22
最尤推定法　38
最尤推定量　39
材料間不規則性　139
材料内不規則性　139
雑音　184

時間一様（マルコフ過程の）　94
事後保全　5, 89
指数型ソフトウェア信頼度成長モデル　161
指数分布　11
システム構造関数　77
指標関数　123
尺度パラメーター（ワイブル分布の）　13
重点サンプリング密度関数　129
修理　89
修理時間　95
修理率　95
寿命　4, 9
寿命分布関数　9
寿命密度関数　9

202   索　　引

瞬間アベイラビリティ　89
順序統計量　32, 182
小規模降伏　135
状態空間　91
冗長　5
信頼水準　44
信頼性　4
信頼性工学　1
信頼性指標　116
信頼性設計　5
信頼性特性値　4
信頼度　4, 6
信頼度関数　6

推移確率行列　142
推移確率分布　92
推移率　94
推定分散　124
推定平均　124
推定量　123
スキーム　123
ストレス-強度モデル　108

正規確率紙　36
正規分布　15
制御変量法　134
線形回帰　184
線形破壊力学　135

ソフトウェアエラー　156
ソフトウェア故障　156
ソフトウェア信頼性　157
ソフトウェア信頼度　162
ソフトウェア信頼度成長モデル　157
ソフトウェアバグ　156
ソフトウェアフォールト　156

　　　　　　た　行

第一種の誤り　44
待機冗長システム　73
対数正規確率紙　36

対数正規分布　19
対数標準偏差　20
対数平均　20
対数尤度関数　39
第二種の誤り　44
対立仮説　43
卓越　121
多数決システム　75
達成アベイラビリティ　90

遅延 S 字型ソフトウェア信頼度成長モデル　161
逐次抜取方式　53
チャップマン・コルモゴロフ方程式　92
頂上事象　82
直列システム　69

ディガンマ関数　180
定時打切り試験　60
定常アベイラビリティ　90
定常分布　95
定数打切り試験　60
ディペンダビリティ　3, 4
デバッグ　157

同型　23
統計的検定　32
統計的推定　32
トップダウン型　82
トリガンマ関数　180

　　　　　　な　行

抜取試験　52

　　　　　　は　行

破壊靱性　137
破壊力学　135
ハザード率　7
バスタブ曲線　8

索　　引

非同次ポアソン過程　160
標準空間　114
標準正規分布関数　16
標本サイズ　45
疲労破壊　135

フェールセーフ　5, 69
フェールソフト　5
フォールト　4
フォールトアボイダンス　5
フォールトトレランス　5, 68
不完全デバッグモデル　168
不信頼度関数　6
負相関変量法　133
不偏推定量　125
ブラウン運動過程　185
分散減少法　127

平均運用時間　91
平均運用不可能時間　91
平均故障時間　9
平均故障時間間隔　10
平均修理時間　90, 95
平均値1次近似2次モーメント法　120
平均値関数　160
平均保全間隔時間　90
並列システム　71
ベータ関数　33, 181

ポアソン分布　28
保全　89
保全性　4
保全性特性値　5
保全度　4, 95
ボトムアップ型　86
ポリガンマ関数　180

ま　行

マルコフ過程　92
　　——の時間一様　94
マルコフ連鎖　92

マルチバージョン・プログラミング　152
ミーンランク法　34
無記憶性　12, 30
メジアンランク法　34
モンテカルロ・スキーム　123
モンテカルロ法　123

や　行

有意水準　43
尤度関数　39
尤度方程式　39

余寿命　9
予防保全　5, 89

ら　行

ライフサイクル　4
リカバリー・ブロック　154
離散時間確率過程　91
離散状態確率過程　91
リスク　2
リスク工学　2
リスク優先数　87

劣化　4
連続時間確率過程　91
連続状態確率過程　91
ローゼンブラット変換　114

わ　行

ワイブル確率紙　36
ワイブル分布　13
　　2パラメーターの——　15

3パラメーターの―― 15
――の位置パラメーター 15
――の形状パラメーター 13

――の尺度パラメーター 13
ワン・ザカイ変換 186

著者略歴

兼清泰明（旧姓・田中）
1961年　大阪府に生まれる
1989年　京都大学大学院工学研究科博士課程修了
現　在　関西大学環境都市工学部教授
　　　　工学博士

確率工学シリーズ 3
信頼性の数理モデル　　　　定価はカバーに表示

2019年2月1日　初版第1刷

著　者　兼　清　泰　明
発行者　朝　倉　誠　造
発行所　株式会社　朝　倉　書　店
　　　　東京都新宿区新小川町6-29
　　　　郵便番号　162-8707
　　　　電　話　03(3260)0141
　　　　FAX　03(3260)0180
　　　　http://www.asakura.co.jp

〈検印省略〉

© 2019 〈無断複写・転載を禁ず〉　　中央印刷・渡辺製本

ISBN 978-4-254-27573-5　C 3350　　Printed in Japan

JCOPY　〈出版者著作権管理機構　委託出版物〉

本書の無断複写は著作権法上での例外を除き禁じられています。複写される場合は、そのつど事前に、出版者著作権管理機構（電話 03-5244-5088, FAX 03-5244-5089, e-mail: info@jcopy.or.jp）の許諾を得てください。

関西大 木村俊一著
確率工学シリーズ 1
待ち行列の数理モデル
27571-1 C3350　　A 5 判 224頁 本体3600円

数理と応用をつなぐ丁寧な解説のテキスト。演習・解あり。学部上級から〔内容〕待ち行列モデル／出生死滅型待ち行列／M/G/1待ち行列／M/G/s待ち行列／拡散近似／待ち行列ネットワーク／付録：速習コース［マルコフ連鎖／再生過程近似］

政策研究院 田中　誠・理科大 高嶋隆太・
中央大 鳥海重喜著
確率工学シリーズ 2
エネルギー・リスクマネジメントの数理モデル
27572-8 C3350　　A 5 判 176頁 本体3200円

エネルギー分野の不確実性のもとで適切な意思決定を導く数理的手法。〔内容〕確率計画法の基礎／2段階確率計画問題の解法／リスクマネジメント／ロバスト最適化／リアルオプション／応用事例（小売電気事業者の電力調達，電源投資他）

電通大 田中健次著
シリーズ〈現代の品質管理〉4
システムの信頼性と安全性
27569-8 C3350　　A 5 判 212頁 本体3500円

製品のハード面での高信頼度化が進む一方で注目すべき，使用環境や使用方法など「システムの失敗」による事故の防止を，事故例を検討しつつ考察。〔内容〕システム視点からの信頼性設計／信頼性解析／未然防止の手法／安全性設計／他

前東工大 圓川隆夫著
シリーズ〈現代の品質管理〉5
現代オペレーションズ・マネジメント
—IoT時代の品質・生産性向上と顧客価値創造—
27570-4 C3350　　A 5 判 192頁 本体2700円

顧客価値の創造をめざす製造業に求められる多様な変動との戦いを，第一人者が理論と現場の最前線から解説。〔内容〕ものづくりの潮流／組織的改善（TQM, TPM, TPS）／TOC／Factory Physics／戦略的SCM／顧客価値創造／他

東工大 宮川雅巳・神戸大 青木　敏著
統計ライブラリー
分割表の統計解析
—二元表から多元表まで—
12839-0 C3341　　A 5 判 160頁 本体2900円

広く応用される二元分割表の基礎から三元表，多元表へ事例を示しつつ展開。〔内容〕二元分割表の解析／コレスポンデンス分析／三元分割表の解析／グラフィカルモデルによる多元分割表解析／モンテカルロ法の適用／オッズ比性の検定／他

農研機構 三輪哲久著
統計解析スタンダード
実験計画法と分散分析
12854-3 C3341　　A 5 判 228頁 本体3600円

有効な研究開発に必須の手法である実験計画法を体系的に解説。現実的な例題，理論的な解説，解析の実行から構成。学習・実務の両面に役立つ決定版。〔内容〕実験計画法／実験の配置／一元（二元）配置実験／分割法実験／直交表実験／他

慶大 林　高樹・京大 佐藤彰洋著
ファイナンス・ライブラリー13
金融市場の高頻度データ分析
—データ処理・モデリング・実証分析—
29543-6 C3350　　A 5 判 208頁 本体3700円

金融市場が生み出す高頻度データについて，特徴，代表的モデル，分析方法を解説。〔内容〕高頻度データとは／探索的データ分析／モデルと分析（価格変動，ボラティリティ変動，取引間隔変動）／テールリスク／外為市場の実証分析／他

同志社大 辻村元男・東大 前田　章著
ファイナンス・ライブラリー14
確率制御の基礎と応用
29544-3 C3350　　A 5 判 160頁 本体3000円

先進的な経済・経営理論を支える確率制御の数理を，基礎から近年の応用まで概観。学部上級以上・専門家向け〔内容〕確率制御とは／確率制御のための数学／確率制御の基礎／より高度な確率制御／確率制御の応用／他

同志社大 津田博史監修　新生銀行 嶋田康史編著
FinTechライブラリー
ディープラーニング入門
—Pythonではじめる金融データ解析—
27583-4 C3334　　A 5 判 216頁 本体3600円

金融データを例にディープラーニングの実装をていねいに紹介。〔内容〕定番非線形モデル／ディープニューラルネットワーク／金融データ解析への応用／畳み込みニューラルネットワーク／ディープラーニング開発環境セットアップ／ほか

海洋大 久保幹雄監修　東邦大 並木　誠著
実践Pythonライブラリー
Pythonによる 数理最適化入門
12895-6 C3341　　A 5 判 208頁 本体3200円

数理最適化の基本的な手法をPythonで実践しながら身に着ける。初学者にも試せるようにプログラミングの基礎から解説。〔内容〕Python概要／線形最適化／整数線形最適化問題／グラフ最適化／非線形最適化／付録:問題の難しさと計算量

上記価格（税別）は 2019 年 1 月現在